超实用整理收纳全书

居家生活整理　　　　高效办公整理

出行整理　　信息整理　　家居环境维持

空间规划整理　　　　收纳工具的选择

邓美 著

中国纺织出版社有限公司

内 容 提 要

本书较为全面地介绍了日常生活和工作中的整理收纳方法，内容涵盖衣橱、厨房、卫生间、书房等居家分区整理收纳方法，办公、出行整理收纳方法，手机、电脑的整理方法，以及如何维持居家环境的整洁、如何养成良好的整理收纳习惯等。此外，还分享了居家整理好用的收纳工具，并对新房的收纳空间布局规划和如何 DIY 收纳工具做了补充，以满足不同年龄段人群的整理收纳需求。

图书在版编目（CIP）数据

超实用整理收纳全书 / 邓美著. --北京：中国纺织出版社有限公司，2023. 1
ISBN 978-7-5180-9740-1

Ⅰ. ①超… Ⅱ. ①邓… Ⅲ. ①家庭生活—基本知识
Ⅳ. ①TS976.3

中国版本图书馆CIP数据核字（2022）第139782号

责任编辑：刘 丹 责任校对：楼旭红 责任印制：储志伟

中国纺织出版社有限公司出版发行
地址：北京市朝阳区百子湾东里 A407 号楼 邮政编码：100124
销售电话：010—67004422 传真：010—87155801
http://www.c-textilep.com
中国纺织出版社天猫旗舰店
官方微博 http://weibo.com/2119887771
天津千鹤文化传播有限公司印刷 各地新华书店经销
2023 年 1 月第 1 版第 1 次印刷
开本：880×1230 1/32 印张：9
字数：160 千字 定价：59.80 元

家，不仅是一栋房子，更是我们灵魂安居的地方！

家，不仅是一个存放物品的空间，更是抚慰我们心灵的港湾！

此刻，拿起这本书的你应该有过这样的体会：

出门时东翻西找，就是找不到昨天放在某个地方的物品，无奈只得埋怨着出去工作了。

经常因为找不到某个物品或者看着家人乱扔、乱放，不禁想跟他们发脾气。

看着自己满满当当的衣橱，却苦恼于明天要穿什么，甚至告诉别人自己根本没衣服穿。

厨房买了好多器具，可怎么也提不起做饭的欲望。

家里买了很多收纳工具，也看了很多整理方面的书籍，却仍旧整理不好，或者整理好了没多久又复乱了。

感觉家里柜子少、设计不科学、存放不方便，却不知道如何改善。

知道自家物品多，应该断舍离，但就是下不了手，对于自己不需要的物品不知道该如何处理。

……

其实，不管是房子还是人，如果不上心都会出现上述糟糕的样子。

当我们的家变得糟糕了，我们的生活还会好吗？工作又会怎样呢？做任何事情还会觉得有价值吗？

如何拯救这样糟糕的情况，过上我们想要的舒适生活呢？

那就从简单的整理收纳开始吧！

当你将家整理得井井有条，你会发现无论是生活还是工作，都随之井然有序，而我就是其中最大的受益者，这也是我写这本书的初衷。我希望更多的人通过整理收纳，让家庭生活更和谐，让工作更高效。

在这本书中，我将为你分享的方法，包括从居家 4 大区域的规划、设计、整理到出行整理，再到高效的办公整理等。

也许你看了很多整理类的书籍、视频，甚至学习了相关的课程，可是正在阅读的你请一定要记住：一千个人就有一千种生活方式！了解自己再去整理比你学习了任何整理收纳术直接去做，更容易达到自己想要的效果！也请你不要想着去一味模仿别人的整理方法，把自己的家打造得跟别人的一模一样！

生活，有千百种方式！而整理也有数不尽的方法！适合自己的方法才是最好的！

在做整理前你还需要清楚并明白：我，为什么要做整理？

如果你只是想要家中看起来整齐而已，其实你可以采用最简单的方法，就是把物品藏起来。

如果你只是希望能够快速找到物品，只需要做到将物品减少到你基本不需要花费时间管理的数量即可。

　　如果你只是希望存放方便，那么只需要添置合理的工具就可以了。

　　……

　　如果你不明白所做的一切，其实质上是想打造自己心中梦想的那个家、那种生活，是做不好整理的！因为整理这件看起来简单、实则非常复杂的事情，会让很多人在途中因为遇到各种困难而选择放弃或者做得并不那么满意！这也就是为什么大多数人做整理做不到像书里、视频里效果那么好的根本所在！

　　搞明白这些问题，再开始阅读，我相信本书会为你的家庭生活和工作带来一定提升和改善！

　　最后在正式开始阅读之前，送给大家三句话：

　　一个衣橱的样子就是女主人的样子！

　　房子的样子就是我们生活状态的样子！

　　办公桌的样子就是我们工作态度的样子！

　　愿本书能够陪你开启高效生活的大门，从整理家开始，收获幸福人生！

邓美

2022 年 6 月

第一章
收纳的种类与方法

了解收纳的种类 ◎

你可能遇到过这样的场景：某天早上你要赶着去签合同，早上起来晚了，打开衣橱怎么都翻不到想要穿的那一件，因为时间的问题匆忙中随便拿一件并不适合当时场合或穿不出自信感的衣物，出门后整个人的热情和状态大打折扣，严重的话还有可能影响到这次成功签约。

我们总感觉很忙碌，晚上也总是带着疲惫回家，但打开家门却找不到一个舒适的地方休息一下，心情就更加复杂。

每天早上送孩子上学的时候，因为赶时间来不及放回原位的玩具、着急而随处换的鞋子……这些成了我们回家后无处安放我们疲惫的身心的原因。

孩子回家，你正在准备晚餐，打开橱柜，把手伸向放得满满当当的柜子时，各种物品就犹如洪水一般滚出来，打在自己身上。

待你收拾好了心情继续做饭，却发现刚拿出的食物过期了，于是你边叹息"好可惜"，边扔掉过期的食物。

当我们疲惫不堪准备休息的时候，拥挤的卧室好像就剩下床的位置算是最宽敞地方，窒息的感觉让我们连思考的空间都没有。

回家本是一件非常愉悦的事情，此时却变成一件令我们非常苦恼并无法摆脱或无奈的事情。我们感觉过着既没"时间"，又没"内心闲适"的生活。我相信，有过这样生活的人并不在少数。

我们到底需要做好哪些事情，才能让我们不至于出现以上那些情况，从而获得更多的"时间"和"内心闲适"的生活呢？

我觉得非整理莫属！

浪费我们时间的核心在于：

● 重复做一件事情。
● 在同一件事情上耗费大量的精力去管理或维护，且效果不显著。
● 做出错误的行为或选择。

而内心闲适的核心在于：

● 有足够的时间做自己想做的事情。
● 有足够的让自己感觉愉悦舒适的活动空间。
● 身边围绕的都是令自己开心的事物。

这就意味着我们需要懂得科学的收纳方法。

因为其实人除了做事情的时间，大量的时间是花费在物品上了：

买东西——用东西——收东西——丢东西

在我们不断买入大量的物品时，我们要考虑是否需要大量的时间去使用？假如我们使用的频率很低，那我们是否会花费大量的时间去收存这些物品呢？如果不懂得整理，我们经常面临因为临时找不到需要的物品，或者东西越买越多、空间越来越拥挤甚至装不下的情况，那这时候我们是否会花费大量的时间去寻找和管理物品呢？

物品是否会占据我们大量的时间、精力，我们可以核算在使用一件物品时寻找的频率：

寻找的频率=寻找的次数/拿物品的次数

常用的物品以天为单位来核算，次常用的物品以周为单位来核算，不常用的物品以月为单位来核算。

当我们寻找的频率 > 30% 的时候，说明我们在使用物品的时候几乎是陷入不断地拿出来、放回去两个动作。

我们也可以试着回想一下，在一天中，我们究竟要做多少次拿出来、放回去的动作呢？我看过一个统计数据，印象最深刻的是：一个人在厨房待了 30 分钟，这样的动作居然有 25 次！当然如果只是站在同一个地方拿出来、放回去还好，但是事实上很多人必须要到处走动找东西。再试想一下，如果我们把这些一天中不断浪费在"拿东西、放东西"的动作上所需的时间和精力加起来，结果一定会让我们非常吃惊。

所以，整理是小事，但不容忽视。

如果想要把家变得整齐有序且不用耗费大量时间和精力去管理，我们就需要想明白：

1. 收纳是什么

收纳的基础就是"定位"，它也是整理的核心之一。在将物品一股脑儿地塞进去之前，我们先要做的是分类。区分出"需要"与"不需要"，舍弃不需要的东西，才能有更多的收纳空间，从而打造出整洁清爽的舒适环境！

　　在收拾不需要的物品时，多数人注重的是"要，还是不要？"，却很少人以"会不会用"为舍弃标准！所以在区分物品的时候易造成很多时间上的浪费，并且达不到理想的整理效果。在区分物品时，应以"不会用和不喜欢"为舍弃标准，对于犹豫不决的物品可以选择再使用一次或者用保质期使用法则来管理。

　　当然，或许您看过很多收纳方法，比如，怦然心动收纳法、佐藤可士和超整理术、德国主妇的高效收纳整理术等。

　　但是不管何种收纳法都离不开藏、露两个字！

　　我总结为：展示收纳，隐藏收纳！

2. 展示收纳

　　展示收纳分为两种：

　　（1）挂钩收纳：采用挂钩悬挂的方式。

　　这种收纳方法适合拿取时间要求高、使用频率高的物品，特别是空间较小，想要充分利用空间的家庭。比如，浴室的洗浴用品；厨房的锅铲、汤勺等这些本身占用空间不大，而且使用频率特别高的物品，这样收纳其实是最方便且省空间的。如果有密集恐惧症或不喜欢花费太多时间在清洁打扫上的人，还是建议采用隐藏收纳。

　　（2）摆放收纳：将物品依次排列摆放。

　　这种方法适合有艺术感的设计单品或摆件，如果家里有充裕漂亮的陈列区，这样不仅可以解决收纳的问题，也会让家里这个区域成为一个特殊的风景区。在选择这种方法的时候，物品一定要少而精，否则就会适得其反。

3. 隐藏收纳

隐藏收纳也分为两种：

（1）抽屉收纳：装进可以推拉的小盒子里。

这种方法分成两种，第一种就是在已有的抽屉里直接放进去收纳即可，第二种就是在我们的柜体内添置一些抽屉收纳盒，能够达到拉进拉出、方便拿取和分类管理的效果。

这种方法特别适合收纳类别偏多、形状不规则的细碎小物品，并且这种物品相对直接放进柜体的物品，使用频率要稍高一些。

所以对于那些不想被随时看见的或影响美观的小件物品就可以采用抽屉收纳。

（2）柜体收纳：放进柜子内部。

我国各个地区的柜体深度不同，不同物品对存放空间的尺寸要求不一样，所以我们在决定物品放在哪里的时候，一定要先确定物品的形状、大小、数量以及使用的地方，再决定存放在哪个位置。

如果空间较小，我们将物品直接摆放进去即可，例如，碗盘、工具、多余的零食。如果空间比较大或比较深，可以考虑加一些收纳箱存放那些不常用的物品。当然对于那种形状不规则或比较细长的物品，一般会加一些辅助工具，尽量使它直立在柜体内收纳。

总之，这种方法适用于品种数量多或不常用的物品。

不同种类物品的收纳方法

在收纳的过程中，你是否有过这样的经历：

（1）当我们泡茶时，怎么也找不到茶盘或镊子，好不容易想起来是放在某个抽屉里，想把它拿出来时，结果想要喝的那罐红茶明明记得就是和这罐绿茶放在一起的，但就是找不到。

（2）柜子特别大，东西又多时，好不容易把它们全部塞进去，但想要使用时，费了九牛二虎之力把它拽出来，结果其他那些不知名的物品也一股脑儿地涌出来，这时又得费劲把它们塞进去。就这样陷入恶性循环，翻箱倒柜找出来，耗时又耗力地再塞进去，永无止境……

还有碗、盘、水杯这些高度低又小的东西，为了能够放得更多，很多朋友都是采用大套小的方法重叠存放，放完后还觉得自己好厉害，居然放了如此多！

不推荐这样大套小叠放

但是值得注意的是：好收，还要好拿，才叫收纳。

而像前面那样做的结果就是，东西确实放进去了，但是拿取时，明明一个动作就可以搞定的，结果需要无数个动作才行！

（3）为了家里看起来更整洁，可能很多朋友都会把那些细碎的、形状不规则的小物件全部塞进柜子里面，等需要时就在那些数量庞大的物品中翻找，以致很多人装进去后索性就不管了，需要时再去买一些，反正小东西的价格也不贵，也不会特别占用空间。但是越来越多细碎的小东西就这样逐渐填满了整个空间，当我们意识不到这个问题且无法从根本上解决这个问题时，家就会陷入凌乱的恶性循环中。

（4）还记得家里的菜板、洗碗帕以及那些细小的烘焙用具吗？很多人可能都是这样放的。

你会发现这种方法不仅浪费空间，没放几件就放满了，
而且在需要时拿取或用完放回时也比较麻烦。

（5）下面这张图片是我人生中第一次逛宜家时，印象最深刻的一个厨房：

宜家的一处厨房展示图

我当时还没有深入研究收纳，看完这间厨房的感觉想必跟大家一样：我也想要这样一间厨房！各种刀、铲、勺、锅、夹子、篮子等依次悬挂在墙上，想要时触手可及。

这种方法在欧洲国家被广泛使用，当然也非常适合他们，毕竟对于烹饪方式以蒸、煎、炸为主的欧洲各国来说，产生的油烟比中式红烧、炝炒做法产生的油烟少得多！

但如果把这种收纳方法运用到中国，我们一定要用之有方，这样才能在使用方便上如虎添翼而不是适得其反。

要知道：物品有成千上万种，每个物品的大小、形状不一，每个人家里物品的数量也不一，使用习惯、位置以及空间大小也有所不同。

所以，好的收纳是基于对物品的了解，根据不同物品的类型、属性、数量以及我们的使用习惯与放置位置来决定收纳方法才是科学的收纳策略。

下面我会给大家分享不同种类物品的收纳方法：

1. 联想收纳法：因使用一个物品而联想到使用另一个有关物品

在泡茶时就会用到茶盘、茶杯、茶叶、镊子等用品，因此可以把这些泡茶用的物品放到一个抽屉或柜子里面，使用时就可以在这个区域拿取。

穿某件上衣就会搭配某条裤子或配饰，这时就可以采用联想收纳法将它们成套存放。在一个衣架上就可以拿取这套衣物的所有搭配，而我们需要做的只是将这套衣物放到这个衣架上。

做蛋糕时需要各种蛋糕模具、食物辅料、烘烤辅助配件等，我们只需要把这些物品放在一个柜子里就可以轻松拿取了。

利用联想收纳法将大类细分成小类

场景		泡茶		烘焙
分类	器具	茶盘、茶壶、夹子、刷子、帕子	器具	打蛋器、蛋糕模具、粉筛、电子秤、蛋清分离器、和面棍、夹子、手套、刀具、橡胶铲
	食物	玫瑰花茶、薄荷、菊花、红茶、绿茶	食物	沙拉酱、蛋糕粉、泡打粉、苏打粉、可可粉、塔塔粉、淡奶油粉、细砂糖、香草精

 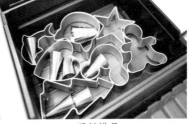

泡茶用品　　　　　　　　蛋糕模具

小贴士
优点：不用特意去记住每个物品存放的区域位置。
适用情况：使用一个物品就需要另一个物品配合使用。

2.隔断收纳法：把一个区域划分为多个存放物品的区域

存放内衣、内裤、丝巾、吊带等物品的抽屉内，品种繁杂。此时，只要善用隔断收纳法就可以充分利用空间，并有效区分物品种类。

令人头痛的碗盘、烘焙用具、菜板、平底锅等超薄、扁平、面积又大的物品，其实就完全可以用隔断收纳法，不仅可以有效区分，还可以充分利用上层空间，保证拿取方便。

小贴士

优点：持续性好，可以有效辨别物品种类，分区明确、拿取方便。

适用情况：物品种类繁杂，形状体积不规则或面积偏大、体积不大的物品。

3. 抽屉式收纳法：在空白区域加入有底无盖或有盖的匣子，并可以抽出来、推进去

橱柜内由于净空高度或深度数值比较大而无法充分利用空间的区域，这时就可以添置一些辅助工具，使它形成多个独立的分区，做到放进抽出拿取自如。

小贴士
优点：将区域有效分区，从而分类明确、方便查看与拿取。
适用情况：空白区域长、宽、高较大的区域且物品种类丰富。

4. 直立收纳法：将物品竖立起来收纳

这种方法适用性特别强，适合的物品大到清洁扫帚，小到化妆用的眼线笔。

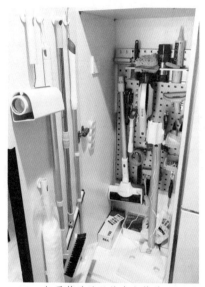

扫帚等清洁品的直立收纳

对于最难收纳的衣橱抽屉也非常实用，例如，吊带、T恤、围巾、裤子等都可以采用抽屉式收纳法。

衣橱的直立收纳

也特别适用于学习用具，如，书籍、文件、笔等。

文件的直立收纳

甚至适用性最高，难度系数最大的厨房工具。

厨房工具的直立收纳

小贴士
优点：一目了然，便于拿取，充分利用上层空间，美观兼
实用。
适用情况：物品形状细长，储物空间的层高偏高。

　　这里值得补充的一点是：很多时候直立收纳法会和隔断收纳法同
时使用，因为直立收纳法可以达到充分利用上层空间的效果，而隔断收纳法可以达到有效分区的效果，一般在柜体或抽屉内会将这两种方法配合使用。

5. 悬挂收纳法：靠墙将物品吊挂起来

前面提到的宜家厨房都是采用这种方法。其实从业这么多年，我个人不提倡在厨房使用这种收纳方法。因为中国的烹饪方式跟国外的有很大区别，且中国厨房空间的人均面积是非常小的，再加上长期的油烟使清洁难度增大，从而增加了时间的投入。所以，如果家用厨房不是特别大的开放式厨房，且做饭频率特别高、物品特别多，但不愿意花费太多时间和精力在清洁上，那我劝大家欣赏一下这种收纳方法就好了。

然而，阳台、卫生间等这种空间小、油烟也不重的地方，我就非常支持和推荐采用悬挂收纳法。这不仅会让我们的物品成为一道风景线，也大大增加了物品的存放空间。

悬挂收纳法

小贴士

优点：一目了然，拿取方便，不占用黄金活动区。

适用情况：使用频率高或长度较长的物品。

　　需要注意的是：收纳的方法虽多，但要选择适合自己的，这里我给大家一个收纳存放的公式：

　　所需空间的大小 ＝ 物品的数量 ＋ 物品的形状

　　收纳的位置 ＝ 所需空间的大小 ＋ 经常使用的位置

　　收纳的方式 ＝ 使用习惯

掌握9大收纳原则，你也是收纳高手 ◎

如果你认为收纳就是不浪费任何空间，请改变你的想法！

收纳实际上是：用简单的方法收纳，还能保证物品容易拿取，即"好收好拿"。

如果现在你已经运用了前面讲的一些方法，家里肯定省出了很多空间，在需要物品时也能做到拿取自如了。

但一段时间后，我相信还是会有朋友抱怨说："不行呀！没多久又乱了！"

还有人在做完收纳之后觉得并没有达到自己想要的效果；还有人整理到一半又放弃的；甚至还有很多朋友买了很多收纳工具准备大干一场，结果却失去了信心。

为什么呢？

因为仅仅知道收纳的方法还不够，还需要懂得收纳的原则，两者配合使用才能让收纳变得事半功倍。

1. 善用收纳定律 2 ：5 ：8

一般而言，收纳时将空间分为三个区域：开放式、半开放式、密封式。

　　如果将这三个区域的收纳率控制在 2 ： 5 ： 8，就很容易收取物品。

2
5
8

　　2（20%）：开放式区域只存放摆件或者存放不超过二分满的物品，这个区域的收纳以清爽美观为目的，而留白是最好的选择。

二分满

　　5（50%）：半开放式的区域如玻璃门柜体等，将物品收纳率控制在五分满，此区域不仅要考虑收纳的功能，还要考虑收纳完毕后的整齐有序。这个区域以不超过五分满为界限，如果超过则很容易显得杂乱无序。

五分满

8（80%）：有门且不能透视的柜体内保持八分满！这个地方是家里最能"藏"的地方，但是藏得多的同时还需要存取方便，当空间放得满满当当时是很难做到存取方便的，所以，放得太满是大忌。

八分满

由于不同物品与收纳场所需要保留的空间都不一样，因此收纳的核心一定要以实际拿取物品不感到"麻烦"为标准，即好放好拿才能永保整洁。

这个定律会直接影响到整理后的直观成果，做整理的目的除了方便拿取以外还应考虑让家赏心悦目。

2. 设想未来：了解内心对家真正的需求

生活中你总会发现某种收纳方法在一些人看来无比极致好用，但是在另外一些人看来就非常不科学、不适合。

到目前为止收纳在中国风靡了几年，但无论何种收纳方法，都会有人提出一些质疑。

归根到底还是因为每个人对家的需求、对家的定义不一样。

人口众多的家庭很难理解单身独居者的收纳方法，而单身独居者可能也不认同人口众多家庭的收纳方法。

根据不同需求可以把家的风格分为以下几种类型：

极简主义风

极简主义风的家庭奉行断舍离、追求物品的极简化，甚至连存放物品的柜子都不需要，因为多一个柜子就多一个买东西的理由。

收纳控风

收纳控风格的家庭非常注重收纳的统一性和美观性，非常愿意把拥有的时间花费在整理上，并且非常喜欢和享受整理的过程。所以这类人使用的收纳工具最多，喜欢把家里的东西都用收纳盒、收纳箱等全部整整齐齐地收起来！

精致风

在挑选每一件物品时你都会深思熟虑、用心思考自己真的喜欢吗？放在家里真的好看吗？和家里风格搭配吗？购买收纳工具也是如此，除了要考虑好不好用，是否好看也成为一个选择的重要指标。就连买回来后摆放在哪个位置都需要深思熟虑。

精致风的家庭非常追求仪式感且家中有很多规矩，希望每个物品都有固定的位置，而且一定要按照这样的方法摆放拿取，心里才舒服。

生活风

生活风的家庭大多不愿意花费太多的时间去整理，希望把更多的时间用于自己在乎的事情上，所以在收纳时一般以顺手方便为原则，不刻意强调整体的美观与整齐。如果此刻你家的物品都呈现在空间表面，不是那么整齐，但想要的随手都能找到，而且觉得这样才是最方便的，那说明你就属于典型的生活风类型。

无论是哪种类型，都在于使用者的追求，如果你追求的是将更多时间放在自己在乎的事情上，生活上希望很简单，有足够多私人时间和空间，那极简主义风可能是最佳选择。

如果你感觉做整理时有种很大的成就感且乐此不疲，特别陶醉于思考如何收纳，核算工具的尺寸也能让自己找到成就感并且有足够的时间精力去做，那么我相信从收纳控的角度去打造想要的家一定会让你的成就感爆棚。

追求家的精致的人，更在乎的不是多、而是精，在意自己喜欢的东西。更希望将有限的时间、空间都放在那些真正喜欢的事物上。

宝妈或兼顾家庭和职场的人，如果没有足够多的时间投入在家务中，也没有太多金钱找人替代完成，那选择生活风的收纳是最好不过的。

因此，知道自己想要的家是怎样的且更适合哪种收纳风格，比盲目地去做收纳更重要。

3. 留下满足我们空间需求的物品

不善于收纳的人基本都会抱怨"房子太小""柜子太少"，其实大多数情形并非如此，而是家中物品超出了居住空间的对应容量。请深思，生活中我们真正能用到的东西有多少？如果可以，请将它们写下来，如果写下来后还觉得空间不够，再来考虑新的收纳场所也不晚。

4. 根据使用动线决定存放位置，简化拿取物品的动作

装修房子时，只有明确每个房间的功能，再去装修或选择家具才不易返工或出错。

收纳也是如此，想要做好收纳就应该明确家里各个区域的功能划分，在此区域会产生的行为动作以及在区域内拿取物品的动线。

家里的动线分为三条：

（1）公共动线：即每个人都会走动拿取使用的区域，在此区域收

纳物品时要注意能够一条直线走过去拿取，就不要走过去再拐角变成"L"型拿取。

（2）私人动线：像卧室、书房这种区域属于私人动线，此区域的收纳要注意保护隐私，这就是为什么在这些区域大多会以密封式柜体的设计为主。

（3）家务动线：厨房、阳台等居家、清洁、煮饭频率偏高的区域，属于家务动线，所以更多地会考虑方便性，尽可能保证存取方便而且不影响美观。

家里的三条动线

| 区域 | 客厅 | 餐厅 | 卫生间 | 卧室 | | 榻榻米 | 书房 | 厨房 | 阳台 |
				成人卧室	婴幼儿卧室				
使用内容	娱乐、休闲、待客	吃饭、喝酒、喝水	如厕、洗漱	穿衣、起居	穿衣、起居、护理	客卧、起居、穿衣	学习、工作、写字、绘画、听音乐	处理食物	洗涤、晾晒、清洁
行为	娱乐休闲	饮食	卫生	起居休息			学习	家务	
动线	公共动线			私人动线			家务动线		
收纳原则	能"—"型不"L"型			保护隐私			存取方便，不影响美观		

5. 多使用纵向收纳：充分利用上层空间

中国的柜体大多是均分，层高特别高。而千万种的物品，不能保证尺寸都是统一的，那么如何让自己家里的柜体空间得到充分利用呢？其实只需要记住一个原则：纵向收纳，也就是将物品直接立起来收纳或添置辅助工具让它立起来。

物品垂直向上，可充分利用柜体的上层空间。

6. 设立临存区：让不能及时归位的物品有位可归

我相信很多家庭有过这样的烦恼：自己把家收拾得整整齐齐，结果家人不遵守规则随处乱放，瞬间房子就变乱了。

即便是整理师，我们也不能时刻保证自己，每次用完之后都能及时归位。

但是如果家里没有物品及时归位的规则，你放一个地方，我放一个地方，他放一个地方，那么家整理好又复乱的概率就非常高。

可以在家中设定一个临时存放的区域，因为太忙不能归位的物品就放到这个区域，然后规定每天在晚上某个时间段内归位。设立临存区是有效减少家中复乱的捷径。

7. 根据需要添置家具或收纳工具（统一原则）

在添置家具或收纳工具前，请一定要先做取舍，并确定所需要存放物品的形状和数量。如果只是因为"看起来很方便"就购买新的家具或工具，只会本末倒置，让本来堆满物品的空间更加窄小和不方便。所以一定要配合必要的物品及数量，选择符合需求的收纳工具与用品。在添置工具时，千万不要为了添置工具而添置，一定是真正为了收纳而添置，这样添置的工具才是有效的。

最后，对于追求完美、精致的人，在选择收纳工具时，同一个区域最好选择颜色、材质、类型都统一的工具。同时在添置收纳工具时一定要量尺寸，选择符合空间尺寸的工具。

8. 配合目的运用收纳

选择收纳方式时，请根据物品的使用频率和使用形态来决定。使用频率高的物品一定要"好拿好放"，重在使用方便。没有门的柜体或挂钩架，运用摆放收纳或悬挂收纳，只需要一个动作就能收取物品。而如果是不想被别人看见的物品就可以放入密封式柜体内，采用直立法或隔断法收纳。

9. 考虑自己的惯用脑

每个人的惯用脑是不同的，每个人对事物的思考模式和选择方法也是不同的，所以结合自己的惯用脑考虑收纳的方法是非常有必要的。

惯用左脑的人擅长将物品放回固定的位置，因此这个位置一定要方便寻找和拿取，并且要在每个存放好的位置上贴好标签。

惯用右脑的人不擅长将物品放回原处，因此，需要采用简单利落的收纳方法。

思考一下，使用物品时"寻找"和"放回"，你觉得哪个更重要？你更看重功能，还是更看重外观？在收纳时我们只有养成多思考每个收纳方法的优缺点和自己的使用习惯，才能找到真正适合自己的收纳方法。

第二章
衣橱整理收纳篇

衣橱收纳整理的五步法　　◎

　　衣橱收纳是很多人的痛点，要想彻底解决这个问题，最好是从选择衣柜内部结构时就开始思考，然后再去谈如何更好地收纳衣橱。在这里我主要跟大家分享简单的衣橱整理的方法，详细的衣橱整理方法大家可以看我之前出版的《了不起的衣橱》一书，这本书详细地介绍了衣橱从选择到整理布局的概念与方法。

　　虽说衣橱整理很难，但是在整理前清楚以下五个步骤就很容易了，我称为五步法：一看→二清→三分→四舍→五收。

一看：通过看先了解三个点

　　（1）了解自己到底想要怎样的衣橱。

　　如果我们不知道收纳的目的，是做不好收纳的。所以整理前我们要先明确：是希望打造一个超级能装的柜子，或是超级方便拿取的柜子，整理成像商店陈列区一样让自己自豪的柜子，还是想减少物品做到不需要花费大量时间来拿取和选择。

　　明确上述内容后，我们就知道要从哪里下手了。

　　如果希望的是超级能装的衣橱，那只需要把衣服都叠起来。

　　如果希望打造一个超级方便拿取的柜子，那就需要将衣物全部悬挂而非折叠，这是做到拿取方便的最佳方法。

如果是想家里像商店陈列区一样好看，那就需要添置科学的收纳工具，该悬挂的悬挂，该折叠的折叠，该添置收纳箱来放置的就添置。

如果希望的是把更多的时间和精力投身到事业、生活中，每天几乎不需要思考穿哪一件衣服，最好的办法就是将衣物的数量减少到极致。当选择的机会越少，在选择上花费的时间也会越少。

明确自己想要的衣橱到底是怎样的，还有一个最大的好处就是：当我们觉得整理很困难想要放弃时，请想象下整理后的衣橱的样子、想象下即将拥有的方便的生活，这样我们就会有足够的动力来面对那些堆积如山的衣物了。这个明确的目的将成为我们坚持整理的最好的动力。

（2）了解现有空间布局及物品数量。

预估所需的收纳工具及其数量后再购买，避免买多或买不适合的工具而造成麻烦。

试想一下，如果你不知道衣橱的尺寸、衣物的数量而盲目地去购买工具，能保证购买回来的都能用上吗？当然不会，所以在整理前首先要统筹下衣挂的数量是否足够，包括叠衣区尺寸是否合理，要不要添置收纳工具使上层空间得以充分利用，还有衣橱装小物件的抽屉是否足够等。统筹好挂衣区、叠衣区、抽屉区等所需工具的数量和尺寸，提前购置好整理时需要的物品数量，一定会让我们的整理过程事半功倍。

（3）了解自身生活习惯及喜好。

根据自身生活习惯及喜好大致规划出物品的存放位置及收纳方法。

每个人的生活习惯都是不一样的，哪怕是同在一个屋檐下生活的人也是有差别的。比如，你爱人个子比较高，习惯使用衣柜的上层区域，喜欢悬挂，不喜欢折叠；而你的个子偏娇小又喜欢折叠，那你们对应的收纳方法也是不一样的，这时就需要根据自身的习惯以及喜好来规划物品存放的位置。

只有根据自己的使用习惯，并结合现有布局再整理，才是最适合自己的整理方式。

二清：清空衣柜

做好"一看"的工作后，接下来就可以开始进行整理了，整理的前提是把衣橱里的东西一件件拿出来进行分类。这里需要注意三个原则：

（1）一次性全部清出衣柜内的物品及衣柜外应存放在衣柜内的物品。

包括晾晒区、干洗店、沙发上面，总之所有放有衣服的地方都全部清理出来，以免分类不完整或者遗漏造成误工等现象。

（2）放在宽阔、方便、干净、明亮的地方。

在正式分类前一定要选择一个宽阔的区域进行放置，因为你一定想不到原来自己衣物的品种和数量会这么多，如果操作分类的地方太小，会导致分类混淆，后面就会出现衣物找不到的现象。

（3）给衣柜做保养。

衣服要干洗保养才能依旧如新，衣橱也是需要定期检查保养的，这才会让我们存衣的体验感如初买的感觉。很多人的衣橱常年不检查维修，导致很多地方损坏后而使用不方便，所以衣柜在此刻检查保养是最好的，一般从三个方面看：

板材：看板材是否弯曲或断裂，如果是活动板弯曲可以翻过来再使用，如果断裂可以定制尺寸适合的替换安装好再使用。

衣杆：看衣杆是否变形脱落或缺少配件而无法使用，衣杆脱落无法正常使用会使我们的收纳效果大打折扣，所以这个一定要检查好。

抽屉：五金配件是否正常使用，如果无法正常使用，找出问题并解决它，让其恢复到正常状态。

检查完后，在整理存放衣物前做好清洁，建议衣橱每年至少做两次消毒、杀菌、除螨的清洁！这样会对我们的皮肤更好，对衣物的保护更有利。

三分：分类

衣物的分类其实是根据个人不同的生活习惯和喜好进行的。

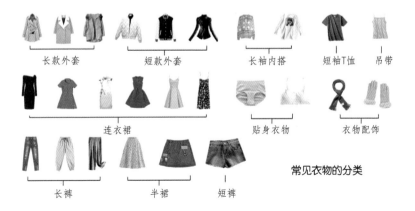

常见衣物的分类

分类的方式可以有很多，这里我们采用四象限法则。

按喜好程度分类。

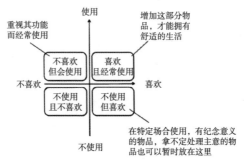

按使用频率分类：每周都用的、一个月用一次的、一年内才用一次的、基本不会用的。

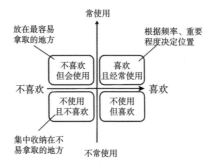

对于收纳困难户就可以采用简单粗暴的方法，即以收纳场所分类。

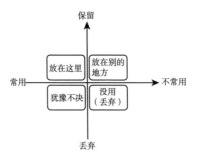

这些分类的物品都属于需保留的一大类。

但是记得还要在旁边放两个筐，一个筐是拿来存放需要换洗的衣物，如果衣物有污渍千万不要不清洁就直接收纳，这样会导致后期污渍更加顽固甚至扩散。

另一个筐是用来放那些准备捐赠或送人的衣物，即使捐赠或送人也要放得很整齐，这样对方才会感觉到爱和被尊重。

四舍：取舍（四个阶段）

这个环节是最耗时、最难，也是最为重要的，东西多是大多数人的核心问题。很多书籍中都提倡先从丢东西开始，但是我更建议先分好类再丢。知道自己有哪些种类的物品，以及每类物品的数量，这时再取舍，我们才会更加有决断力和客观的判断力。

取舍的4个阶段

留	留	舍	舍
经常穿	不常穿	以后穿	不会穿
喜欢的	特殊场合穿的	大小不适合但喜欢的	不喜欢的
漂亮的	纪念日穿的	流行过时却喜欢的	看不上了的
		昂贵却不喜欢的	坏掉需淘汰的

只留下喜欢的、常穿的、特殊场合偶尔会穿的；舍弃不喜欢、不会穿、穿不了的。一件穿不了的衣服即使你再喜欢，放家里你也不会再穿。在舍取时一定要记得：活在当下，而非过去或未来。

五收：衣橱收纳的原则

在收纳存放衣物时一定要注意一个原则：方便当季拿取。

经常穿的，存放在容易拿取的地方；不常穿的，存放在不易拿取的地方或压缩收纳。

同时根据人体工程学我们可以知道：每个人的高度不同，他们的舒适区就不同，每个人的舒适区是自己眼睛平视到腰部的位置，这个位置的物品只需要一个动作就能完成，因此就可以存放常用物品（黄金区）。

而眼睛平视到手可及的地方和腰部到脚底的位置需要两个动作才可以完成，因此适宜放次常用物品（白银区）。

而手够不着的地方需要三个动作才能完成拿取，因此用于放不常用物品（青铜区）。

掌握好这五个步骤，整理好的衣橱可能会成为你最有成就感和价值感的地方！

现在开始跟着动起来吧！

青铜区

黄金区

白银区

注：每个人的身高不同，黄金区就不同，所以在设计、存放时一定要根据常使用者的需求布局

衣柜的储物区域划分

常用衣物收纳方法

内扣法	平均折叠法	悬挂法
适合超薄衣物及小件衣物（如T恤、袜子、丝巾）	适合厚度适中的衣物（如T恤、衬衣、裤子、围巾）	适合易皱衣物（如洋装、外套）

如何将衣橱挂杆率提高50% ◎

在客户家我常常看到这样的现象：实际空间足够多，但是因为没有好好利用而导致空间不够用。每个空间都有固定的容量，因此，合理、科学地运用空间就显得尤为重要。

我们中国人在衣橱的收纳上更适合悬挂收纳，而非日式那样折叠收纳。毕竟中国女性的时间还是非常紧张的。

在衣橱的收纳中，如何有效提高我们的挂衣率是一门大学问。

看看你是否有过以下情况：

- 在购买衣架时只考虑了防滑或起包，却未考虑哪种更省空间。
- 家里衣架类型超过 3 种。
- 每个挂衣区的衣架都没有统一，毫无规则地悬挂起来。
- 各种衣架在使用时没有考虑正反面，朝向一致。
- 悬挂时有纽扣或有拉链的衣服都没有扣起来或拉起来。
- 悬挂时没有将衣物有效地分类、分区。
- 悬挂好以后没有将手伸进去抚平整件衣服。
- 挂杆的承重效果不好，不敢多挂。

● 上面悬挂几件，下面折叠几件。

如果以上情况你所符合的超过 5 条，说明你的挂衣空间基本浪费了 50% 以上。

挂衣空间浪费了50%以上

那如何提高 50% 的挂衣率呢？

首先我们需要选对硬件：

1. 选择承重效果足够好的挂杆和法兰

很多时候我们购买的衣柜所配置的挂杆用不了多久就会变形，甚至有些会掉下来。这主要是因为商家为了降低成本而选择空心、超薄的挂杆，而直接掉下来的挂杆几乎都是因为选择的法兰没有盖子固定，导致变形弯曲后而直接脱落。

遇到这种情况，我们不妨直接换新的挂杆或法兰。

对于挂杆，建议大家一定要选择金属、扁形、多孔、加厚的。因为金属的硬度比木质的好，扁形的直径承重比圆形的更好，而如果在此基础上加厚、多孔，那这个挂杆用 10 年乃至更久都不容易变形。最后若不想挂杆因为悬挂太重而脱落的话，我们建议一定要选择带盖子的法兰，固定后更不易脱落。

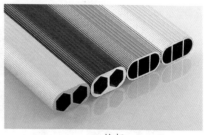

法兰   挂杆

2. 选择超薄、防滑、承重效果好的衣架

有些人家里有超过 10 种款式的衣架，但是仍然没有将挂杆充分利用起来。如果我们选对一种，那只需要统一就可兼顾收纳和美观！

衣架的材料有：塑料、金属、木质、泡沫、金属防滑漆、植绒等。

衣架的形状有：扁形、宽形、圆形等。

衣架的弧度有：直的、弯曲有弧度的等。

衣架的宽度有：38cm、42cm、45cm 等。

衣架两端的高度有：＜ 5cm、≥ 5cm。

衣架的材质会影响其承重和防滑效果；衣架的形状决定承重和空间的使用率；衣架的弧度利用不好会造成空间浪费；衣架的宽度和两端的高度决定衣服起包的概率。

所以一般为了节省空间，建议选择扁形、超薄、没有弧度的衣架，而这时就会担心承重效果不好，此时可以把衣物分类，比如，分为冬天超重的衣物和春、秋、夏天超薄的衣服，只要衣架厚度不超过

1cm 就不会造成空间浪费，又如，夏天悬挂用 0.4cm 超薄厚度的衣架，冬天就用厚度不超过 1cm 的衣架。

　　这时候还需要保证衣架宽度和高度要刚好，假如你的家人都是正常体型，就可以选择长度为 42cm 的，如果你的家人特别魁梧或穿的衣服码数特别大，比如 XL、XXL 的，建议你把男女士的衣架长度区分出来，男士选择 45cm 的衣架，女士选择 42cm 或 38cm 的衣架。因为衣物大而用的衣架小也容易起包，相反衣服很小但是用的衣架很长、很宽也容易起包，所以衣架的选择要适合所挂衣物的大小。

根据衣服大小选择不同宽度和高度的衣架

很多人认为衣服起包是因为衣架太薄了，其实不然，衣服起包除了受衣架厚度的影响外，还与衣架两端的高度是否不小于5cm以及是否有弧度有很大的关系。

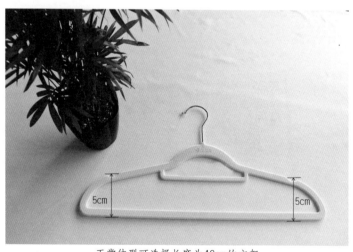

正常体型可选择长度为42cm的衣架

　　最后还需要考虑的一点就是防滑，塑料、金属、木质衣架都不防滑，即使现在很多厂家在衣架上面加了防滑条，但是对于混合化纤面料而言，依然容易滑落。防滑效果好点的材质是泡沫、金属防滑漆和植绒这三种。收纳空间足够大时，可以选择泡沫衣架。加了防滑漆的衣架基本都是很细的铁丝，承重效果不太好。植绒衣架是非常不错的选择，真正全新料的植绒衣架的承重是 10kg，基本不会断裂，是目前防滑效果最好的材质。

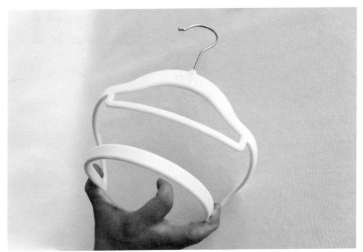

全新料的植绒衣架韧性更好

　　所以选择好衣架基本就可以提高挂衣区利用率的 40%，剩下的10% 主要是靠在使用过程中的一些好的习惯和方法来提高。

　　首先，我们要保证同一个挂衣区的衣架是统一的，不要形状不一、参差不齐。如果衣架是有弧度的，这时一定要把有弧度的一面都朝向同一个方向；如果衣架正反悬挂，就会导致中间的空隙浪费。

挂衣区

其次，在挂入衣柜前，一定要把有纽扣、拉链的衣服都扣起来或拉起来，因为如果不扣起来或拉起来，很有可能在悬挂第二件衣服时，重挂到上一件衣服里面，这样会导致两件衣服之间的空隙增加。

最后，悬挂完衣服后要把衣架间隙调整均匀，保证每一件衣服挂进去时都用手把它抚平整，手伸进去时要从上往下、从里往外抚平整。

当然，在这之前一定要把衣物明确分好区。

建议悬挂的衣物

春、秋	夏	冬	其他特殊物品
风衣	短袖衬衣	棉衣	真丝睡衣
夹克	短袖雪纺衫	羽绒服	真丝吊带
皮衣	雪纺吊带	大衣	潜水服
开衫	短袖连衣裙	加棉夹克	领带
西服	雪纺半裙	加厚皮衣	围巾
长袖连衣裙	雪纺短裤	羽绒马甲	披肩
卫衣	雪纺长裤	毛衣	

春、秋	夏	冬	其他特殊物品
长袖衬衣	真丝衣物	加绒卫衣	
长袖针织衫	短袖	防寒服	
长袖雪纺衫			
易皱雪纺裤			

　　还有一种现象就是：家中明明有挂衣区却把衣物直接堆在里面，其实这主要还是习惯问题。扔进去的时候倒是轻松了，但是拿出来时就要费力寻找，所以如果把衣物都悬挂起来是一种非常明智、方便的选择。

　　在收纳衣橱时还需要注意以下三个原则：

1. 把握总量

　　每个空间都有固定的容量，如果非要装下超出它本身能够承受的容量，肯定会影响我们拿取的方便程度。所以，当衣橱打开时衣物有快要涌出的迹象时，记得一定要先把衣橱内的所有衣物，包括箱子里、叠放区、抽屉里、挂杆上的衣物全部拿出，一件一件选择是留还是舍，保证留下的物品数量符合空间容量。柜内物品不超过八分满，就是比较合理的容量。

2. 分类悬挂或收纳

　　一般情况下，分类先是按单位人群分，再按当季和过季分，接着再分悬挂衣物和叠放衣物。

3. 一目了然

　　存放时一定要清楚明确，同类物品集中存放，同一个区域存放物品种类不宜超过 3 种，否则不仅影响寻找速度，还会影响美观效果。

　　现在就来试试吧！相信只要改善这几点，挂衣区一定可以挂出翻倍的衣服。

挂衣区（整理前）

挂衣区（整理后）

衣柜抽屉内的收纳术 ◎

很多人认为抽屉是一个鸡肋：做分隔的话放不了多少东西，不做分隔又感觉乱糟糟的！

其实，无论是衣橱里的抽屉还是家里其他抽屉，我们会发现抽屉都是高矮不一、宽窄不一、有深有浅的，与挂衣区相比或许它不是一个最方便拿取的空间，但它一定是一个非常多元化、包容性很强的空间，可以有序地收纳大到大件上衣、裤子，小到袜子、首饰。

但是在管理收纳时，难度最大的往往就是抽屉，因为很多朋友都是把抽屉塞得满满当当的，拉开的时候东西便一涌而出。你问他为何塞得如此满？他的回答都是："空间不够，放不下啊！"

正是因为空间不够，所以我们更要合理规划空间！掌握好以下四点，我们就掌握了抽屉的绝密收纳术。

1. 选好抽屉，定好量

很多人认为衣柜的抽屉不够，后来买了很多成品抽屉后又不禁感叹说："衣柜不够！"其实抽屉的数量和占比是有规律的。我们的衣橱不一样大，东西也不一样多，所以我们对抽屉数量的需求也是不一样的。一个衣柜的抽屉到底多少个合适呢？

一般一个人的衣橱至少需要 3 个抽屉，哪怕你的衣橱只有 1 米，因为内衣、内裤需要一个抽屉，袜子需要一个抽屉，围巾、手套等配件需要一个抽屉。

衣橱特别大时应该怎么办呢？超过 3 米以上的衣橱，我们建议按 1 米对应 1 个抽屉。当然抽屉除了数量不一，高矮、宽度也不一，所占面积也不尽相同，但无论设计多少个抽屉或者如何选择宽和高，只要抽屉的总面积不超过整个衣橱的 10% 那就是科学的。衣橱为 5 米，那我们建议至少要设计 5 个抽屉，这样才够使用。

当然抽屉的宽度、长短不一，那到底是按多宽算呢？这里有个方法：无论你的抽屉多高、多宽，只要其面积占比不超过衣柜总面积的 10% 就是科学的。

我们可以遵循 6∶3∶1 设计定律，即中国的衣橱以挂衣区为主，所以挂衣区的面积占比一定是 ≥60%，而叠衣区占比在 10%~30%，抽屉区占比 ≤ 10%。

挂衣区：≥60%

叠衣区：10%~30%

抽屉区：≤10%

衣橱的6∶3∶1设计规律

但是这里需要注意抽屉高度的选择，很多人在设计衣柜时把抽屉设计成一样的高度，其实一个好的设计一定是根据物品的高度来确定的。这就需要我们知道要存放在抽屉的物品属于哪些类别、大概占用的高度是多少。

通常抽屉存放的物品无非是毛衣、T恤、裤子、保暖衣、运动衣、泳衣、睡衣、内衣、内裤、袜子、围巾、丝巾、吊带、腰带、领带、耳环、项链、手表等。

毛衣、T恤、裤子、厚围巾这类衣物对抽屉的尺寸要求相对较高，高度一般要在25cm（净高≈21cm），而且这种抽屉的宽度一定要 > 50cm才能集中容纳较多物品且不浪费空间。

保暖衣、运动衣、泳衣、薄睡衣、内衣、丝巾、吊带这类衣物折叠好后高度约在10cm，所以抽屉高度在15~18cm。这类抽屉可宽可窄，根据物品的数量选择就好。

而内裤、袜子、耳环、项链、手链、手表等这些配件，高度10cm的抽屉就足够了。这种抽屉不建议太宽，因为物品类别多，数量不一定多，因此需要进行分区，以便于后期的整理。

如果净空高度50cm用来设计抽屉，这时均分就只能设计两个抽屉，结果像内裤、袜子这种放进去，抽屉的上面就浪费了很多空间，如果这里把两个25cm的深抽屉改成两个20cm的中高抽屉，再加一个10cm的浅抽屉，或者改成两个15cm的浅抽屉，再增加一个20cm的中高抽屉，这样空间就不会浪费，也可以多出1/3的储物空间！

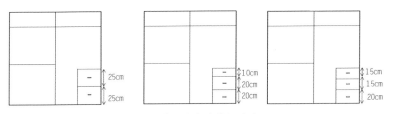

50cm净空高度的抽屉改造

2. 抽屉划区，物品分类

很多人习惯把东西全部使劲压进抽屉，等到需要的时候却根本找不到，你问他这个抽屉放的是什么？他的回答可能是："我也不知道，反正有袜子！"我们要知道最能收的收纳并不是最好的收纳！

好的收纳是需要划分区域的，假如一个抽屉比较宽，为75cm，你放了内衣、内裤、运动衣、泳衣……什么都有，却毫无规律，你可能很容易就放满了，并且这么多类别混在一起，很难分清哪个类别具体在哪里。

所以做好抽屉收纳的前提就是先划分好区域，特别是对于比较宽大的抽屉，先要明确这个抽屉准备放几类衣物，然后根据类别分区，可利用收纳工具进行分区。

| 运动长裤 | 运动短裤 | 运动上衣 |

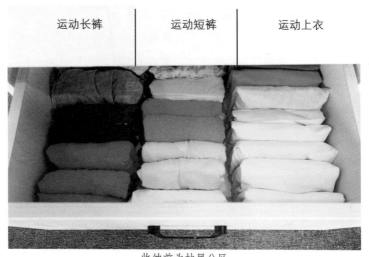

收纳前为抽屉分区

在分区明确后，根据划分好的对应区域存放就不会混乱，即使是个人收纳习惯不太好，也会是乱中有序。

3. 选对工具，用对方法

大多数朋友都有过这样的经验：家里有 1~2 个抽屉小工具，甚至特别多，但是发现并不是那么实用。弃之可惜，留之无用，就陷入了这种尴尬将就的局面！

选择收纳工具首先要认识到：工具不是越多越好，设计也不是越复杂越好！工具的使用一定要恰当，设计上一定要越简单越灵活越好。因为它能满足随时变化的需求。比如，很多朋友会买抽屉收纳盒放在抽屉里，这样不仅成本增加，而且在你不用或搬家时还不知道放哪里合适。所以对于抽屉，建议选择伸缩隔板，这样你想把抽屉分成几个区域就分成几个区域，这个抽屉用不着时，还可以拿到别的抽屉里用，并且成本比收纳盒低多了，灵活性也特别强。

说到工具，还需对衣柜的多宝格进行说明。对于抽屉空间不够的抽屉，建议将多宝格直接取出来，如此还能多放 1/4 的小物件。因为分格越多，占用的空间就越多，浪费的空间也会越多。选择收纳工具也是一样，不要选择有很多隔断的，一定要以简单、灵活、不占空间为目的。

4. 掌握正确的折叠方法

由于抽屉空间比较有限，要想充分利用空间，就需要掌握一些折叠方法。这里介绍两种抽屉收纳的折叠方法：卷卷法和折叠法。

卷卷法：适合超薄衣物及小物件（如裤子、T 恤）。

优点：快速、方便。

缺点：容易散乱、存放拿取不太方便。

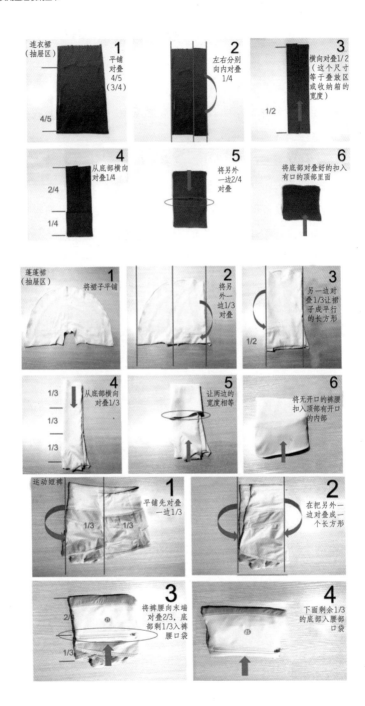

连衣裙
（抽屉区）

1 平铺对叠 4/5（3/4）

4/5

2 左右分别向内对叠 1/4

3 横向对叠 1/2（这个尺寸等于叠放区或收纳箱的宽度）

1/2

4 从底部横向对叠 1/4

2/4

1/4

5 将另外一边 2/4 对叠

6 将底部对叠好的扣入有口的顶部里面

蓬蓬裙
（抽屉区）

1 将裙子平铺

2 将另外一边 1/3 对叠

3 另一边对叠 1/3 让裙子成平行的长方形

1/2

4 从底部横向对叠 1/3

1/3
1/3
1/3

5 让两边的宽度相等

6 将无开口的裤腰扣入顶部有开口的内部

运动短裤

1 平铺先对叠一边 1/3

1/3   1/3

2 在把另外一边对叠成一个长方形

3 将裤腰向末端对叠 2/3，底部剩 1/3 入裤腰口袋

2/3

1/3

4 下面剩余 1/3 的底部入腰部口袋

折叠法：选择厚度适中的衣物，如 T 恤、衬衫、裤子、袜子、围巾、丝巾。

优点：整齐美观、拿取方便、节约空间。

缺点：折叠耗时。

掌握以上抽屉收纳原则和收纳方法，我想你的抽屉不整齐都很难。如果抽屉不够的朋友，记得提前根据需求添置合适尺寸的抽屉哦。现在就行动起来吧！

如何保证配饰、配件一目了然，拿取方便 ◎

　　同一件衣服，改变配饰也会带来不一样的视觉效果，因此女生们都会有很多饰品，它们大大小小、长长短短容易纠缠在一起，而且等要用时很有可能让你找遍整个房间都找不到，所以它们的收纳也是一个问题。

　　要想配饰、配件一目了然，首先需要有足够的空间展示它们。传统的方法是直接把首饰放到收纳盒里，这时就需要我们懂得如何科学地选择收纳盒了。

　　项链、耳环、耳坠、戒指、胸针、手镯、手链、手表等物品的形状不同，所需的空间就不同，所以在选择工具时就需要先确定，这个工具是否是多元化的收纳工具。

　　假如以上所列的配饰我们都有，那这时候我们需要的收纳盒就应该同时具备：挂项链的大格子（项链易打结，悬挂是最好的），插戒指的、放耳环的孔或格子，放胸针的格子，放手链、手表、手镯的大格子。

配饰收纳盒

我们在收纳时需要注意的是：将这些配饰进行有效的分类，再根据数量所需的空间进行分区存放。

千万不要选择只有一种收纳功能的工具，因为它是没法满足我们对多样饰品的收纳需求的。

对于"颜值控"的朋友，相信比起首饰盒，会更偏爱首饰架。首饰架比首饰盒更精美，比托盘更实用。所以为了增加实用性，我们可以根据个人的不同需求选择不同材质、不同造型、不同功能的首饰架组合，来达到集美观与实用于一身的收纳摆件。

首饰架　　　　　　　　　　　首饰摆件

对于饰品特别多、空间也特别大的朋友，不如为自己的首饰订制一个专属的首饰柜或选择带收纳首饰功能的全身镜，每一个抽屉对应一个类别的首饰，如此便一目了然，拿取方便。

如果家里没有独立存放首饰柜的区域，只能在抽屉内存放时，可以订制尺寸适合的收纳盒存放在抽屉内，相当于前面添置的是成品首饰盒，不同的是我们是根据抽屉大小去订制尺寸合适的收纳盒，这样既方便又美观。

还有一种方法就是："上墙"！即在墙上或者柜体上添置一些软木垫、画框、悬挂装饰等。

当然如果你特别热爱手工，且家里有很多旧的物品，也可以将旧物改造成存放装饰品的挂件和摆件，这个我会在后面给大家介绍！

最后给大家分享几个低成本的饰品收纳方法：

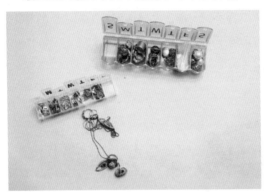

把药盒或隐形眼镜盒拿来收纳耳环、项链也是一个不错的选择，由于它们空间很小，饰品放进去后基本就放满了，因此几乎很少打结。

对于戒指很多的小伙伴，也可以拿一些废弃的大圈耳环把戒指全部穿进去收纳，记得把常用的戒指穿在最外边，不然拿取非常麻烦。

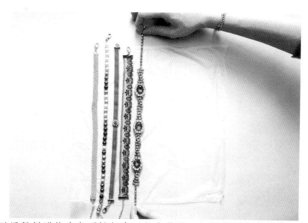

可以用保鲜膜将多条项链包在一起来收纳，但是想要拿出其中一根就需要把整个保鲜膜全部拆开，所以将每根项链用保鲜膜单独包起来也是一个不错的选择。不过对于"精致控"的朋友就不太适合了！喜欢动手的朋友可以考虑试试！

最后饰品收纳需要我们注意的是：不同材质的配饰一定要分开收纳，比如金归金、银归银，免得互相摩擦染色，面目全非。

在饰品的护理方面，我们一定要知道大部分首饰都是金属的，除了纯金以外，都有氧化的可能。所以不建议把首饰长期挂在首饰架上，即使是日常佩戴的也不要长时间暴露于空气中，挂的时候也不要靠得太近，尽量减少摩擦。

如果是很久都不戴的首饰最好放在有内绒的首饰收纳盒里。不想再单独买首饰盒的话，可以保留品牌配送的首饰盒，单独存放。

而像领带、腰带等细长的配饰，一般建议悬挂收纳或卷起来收纳。

悬挂收纳时可以考虑在衣柜的挂杆或门板上加挂钩，然后把它们全部悬挂起来，这种方法是最方便管理和拿取的。但是如果颜色和款式不统一、挂得满满当当，则会显得比较杂乱。

领带的收纳

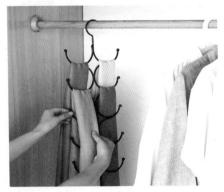

丝巾的收纳

　　因此，对于领带、腰带类物品的收纳，还有一个常用的方法：把它们收纳到多宝阁的抽屉里。在卷起来收纳时，记得不要平着收纳，一定要立起来收纳，因为平着时直径大、高度低，上层空间就浪费了，如果立起来收纳一个格子就可以多放几条。

多宝格抽屉

站立收纳

　　像帽子和包包等体积较大且不能压的配饰，在收纳时尽量选择大于其高度和直径的空间收纳。并且对于不常用的且易变形的配饰一定要用填充物进行填充，以免变形。

　　在不使用辅助工具的情况下，也可以采用大包套小包的方法来收纳。同类型的帽子也可以由大套小依次叠放，但是对于易变形的帽子则需要给最底下的那个帽子加入充气帽托。

　　当然，如果空间足够大，还可以给每个帽子或包包添置大小适合的透明盒子，既防尘又易拿。

　　如果帽子不是很多且空间又很少，建议采用悬挂收纳，这样可充分利用上层空间，比如使用一些帽子收纳架或悬挂包袋。

帽子的悬挂收纳

收纳前后对比

第三章
厨卫整理收纳篇

厨房操作台布局三部曲 　　　　　　　　　　　◎

真正的厨房收纳不仅仅要让厨房看起来整齐美观，还要方便拿取，并且便于打扫。满足这三点，在当下快节奏的生活中，才能让进厨房做饭成为一件真正享受快乐的事情。

很多视频或商店摆放着琳琅满目的厨房工具，很多人学了、买了可仍然没有真正做好厨房的整理。因为大多数人会习惯把厨房整理收纳的重点放在整洁美观上，却忽略了烹饪和打扫时的便利性。

我们在做厨房收纳时一定要结合自己的动作来摆放工具和调味料。它们一定要放在最该放的位置，既方便烹饪又便于打扫。

厨房可分为三个区域，即水槽区、切菜区、灶台区，这对应着我们厨房的动线：洗、切、炒。

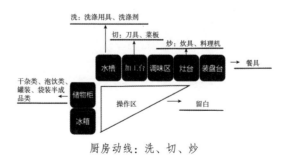

厨房动线：洗、切、炒

1. 水槽区

通常我们会在用水区域进行清洗、削皮的动作，而在用火区域进行加热和调味的动作，因为在不同区域中使用的工具不同，学会了以下分类方法，你也可以打造一个整洁美观、方便拿取且便于打扫的厨房。

我们把用水区进一步分为四个区域：

（1）洗菜时用的工具：洗菜篮、沥水篮、盆子等。

（2）洗碗、洗锅时用的工具：抹布、洗碗布、洗涤剂、清洁擦、小苏打、漂白剂等。

（3）削皮时用的工具：小刀、削皮刀、刷子等。

（4）扔垃圾时用的工具：塑料袋、滤水网等。

按照这种分类，就可以把用水区需要用到的工具明确地分类。除了将使用频率特别高的洗菜、洗碗时所需工具放到水槽上层空间的壁挂上外，其他的都可以考虑"藏"起来，但同时为了拿取方便，将其放到水槽下方区域是最适合不过的。

由于水槽下方区域潮湿且空间异型，需要添置收纳篮或置物架以保证充分利用其上层空间！

置物架的宽度和深度一定要符合水槽下方区域的尺寸，否则容易浪费空间。另外一定要选择承重效果好的置物架，尽量避免选择伸缩杆，因为伸缩杆承重效果不稳定。

一般选择置物架等工具后，还需要适合的收纳盒进行分区，这样我们所需的物品就能有效分区并一目了然，而且空间也得到了充分利用。

此外，当水槽下方安装了净水器而几乎没有太多空间时，可以考虑把门板上的空间充分利用起来，这时就可以采用悬挂收纳了。

当然对于特别怕水的物品不建议放于水槽下方区域，如铁质锅具，因为铁质锅具在潮湿的环境下特别容易生锈。

2. 切菜区

切菜区是收纳工作相对简单的区域，主要分为两大类：

（1）切菜时用的工具：菜刀、切片机、菜板等。

（2）做饭时用的物品：米箱、电饭煲、水壶、常用碗具等。

由于切菜区主要用于切菜或辅助做饭，属于一个多功能操作区，所以需要保持切菜区台面足够宽阔。

像刀具、切片机、菜板等细长的物品最好"隐藏"收纳。特别是刀具，不建议把刀具直接露在外面收纳，如果你一定要放在外面收纳，建议把它插在刀具盒里面"藏"起来。

不建议把刀具等直接漏在外面收纳

而电饭煲、水壶等工具需要插电使用，并且使用频率非常高，建议直接摆放在台面上方便每次使用。

如果希望台面非常干净，有两种方法可以解决此问题，第一种是在装修厨房时就把这类做成橱柜内嵌式的，但缺点是会造成柜体

建议将刀具插在刀具盒中收纳

内部空间的浪费；第二种是平时把东西都收纳到柜体内，使用时再拿出来。

在这里还需要提醒大家的是：在使用时千万不要把它放在吊柜下面，因为长期的蒸汽会让吊柜的漆面变色甚至干裂。

而米箱和碗具一定要尽量挨着水槽区域，以免每次使用时需要走很多步才能完成拿取，用完后又需要走很多步才能完成存放，这会浪费我们大量的时间。

总之，只要保证你在使用这个物品时拿取的动作在一步的范围内，这属于收纳的黄金区，就能方便每次使用。

如果这个区域地柜制作的是烤箱，则可以将蛋糕制作工具集中存放在这个区域，最好是在烤箱上层区域设置多个抽屉，这样方便拿取。因为爱做烘焙的人，大大小小的模具实在是太多了。同时，喜爱外观漂亮的朋友很多时候会把抽屉做成均分的，其实这是非常不合理的，因为物品是大小不一的，所以抽屉也一定要深浅不一。这种情况下，在设计时就可以考虑让设计师将抽屉设计成子母抽屉，如此既能达到外部整体美观的效果，又可以满足存放不同物品的需求。

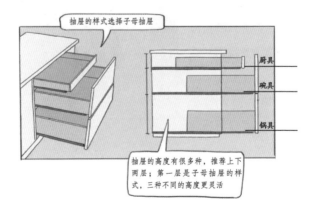

抽屉的样式选择子母抽屉

厨具
碗具
锅具

抽屉的高度有很多种，推荐上下两层；第一层是子母抽屉的样式，三种不同的高度更灵活

而对于小户型
来说，在地柜
加烤箱时，记
得要在烤箱上
面或者下面增
加一个抽屉。

当然这时候会对地柜台面有要求。科学的地柜台面的高度一般是
（身高 /2+5）cm，但灶台高度一般不超过 85cm，那么此时所选择的
烤箱尺寸决定了抽屉的高度。个人建议哪怕厨房抽屉高度只能做到
10cm 也是值得尝试做的，毕竟厨房里像进餐用具等细长的物品平放
在 10cm 的抽屉中是最佳的选择。

3. 灶台区

灶台区是油烟最重、最易凌乱的整理重灾区，主要分为四大类：

（1）加热时要用的物品：炒锅、煎锅、汤锅、高压锅等各种锅具。

（2）调味时要用的物品：液体调味料：油、料酒、酱油、醋等；
固态调味料：盐、味精、鸡精、糖、辣椒酱等；香料：辣椒、花椒、
胡椒、孜然、炖料、烧料等。

（3）烹饪时要用的物品：锅铲、漏网、勺子、筷子、叉子等。

（4）辅助工具：油烟清洗剂、锅盖架等。

厨房收纳的基本原则就是把所有的东西都收起来放好。不要在燃

气灶旁边放置调味料，或在厨房墙壁上悬挂炒锅或锅铲，因为东西越多，厨房卫生打扫起来就越麻烦，耗时长且不易清理。

同时，中式厨房的布局一般都是地柜与吊柜相结合，地柜深度一般在 60cm 左右，多数橱柜会采取均分。这里我非常不建议采取均分，倒不如将橱柜分成三层或分成上下高度不一的，这样可以满足高低物品的存放需求，不会导致空间的浪费。

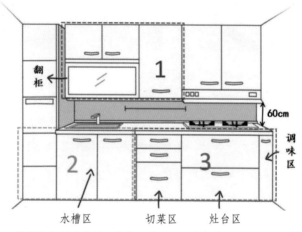

将橱柜规划成高低不等的，满足不同高低物品的需求。

一般锅具都是根据使用频率来分区存放，同时还要考虑锅具的高矮。将相同高度的放在一排，如果同一个区域需要里外存放两排，则可以把不常用的放在里面，常用的则放在外面。

并且一般根据锅具的使用频率和高度区分存放，常使用的放在外侧一层，次常用的放在里侧一层。

灶台物品的收纳多考虑直立法或根据物品尺寸订制适合的高度和宽度，采用纵向摆放法。

　　如果按照这样布局地柜，我相信你一定能够快速地做出一顿美味的佳肴并爱上做饭。

厨房吊柜物品收纳法 ◎

　　家里的厨房并不小，但是总觉得没有好好利用空间，原因可能是因为你没有利用好吊柜的空间。

　　吊柜收纳的第一步在于柜体的设计，如果设计没做好，可能后期都得靠添置工具来弥补，但后期的添置肯定不如在一开始时就设计周全好。

　　那么，吊柜应该如何设计呢？

吊柜设计不当导致空间浪费

在设计时吊柜的高度离地柜的高度一般在 150cm 左右，而吊柜的高度通常在 60~80cm，可以根据具体空间的情况决定是否要做到顶。但是无论是否做到顶，我们都会发现顶层的区域都不方便拿取。所以通常情况下顶层都是存放不常用的物品，这就需要我们先了解有哪些不常用的物品。

比如一些次常用或不常用的果汁机、豆浆机、和面机这种本身高度就很高（大约在35cm），你也可以测量一下要放的物品的最高高度，在其基础上加2~5cm就是最佳存放高度。如果剩下的高度超过了30cm，那么建议分成两层。因为10cm的空间也可以放水杯、盘子等物品；而20cm的空间就可以放一些干杂物等。

现在一种新型的厨房柜子的设计方案就是把吊柜设计成倾斜式的，就像一个直角梯形。

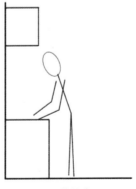

倾斜式　　　　　　　传统式

　　倾斜式的厨房吊柜与传统的吊柜除了外形不太一样外，柜门也不同，倾斜式的吊柜几乎是用推拉门，没有平开门，这样的设计还是很科学、实用的。这样做饭时不会碰头，整面的墙体空间都可以充分利用，开关柜门也很方便，收纳也更强大。当然这种设计风格也不是每个人都能接受，可以根据自身的情况做选择。

倾斜式的厨房吊柜

　　按照上述方法设计好后，需要添置的辅助收纳工具就很少了，无非就是一些瓶瓶罐罐。

　　吊柜设计敲定后，厨房又该如何收纳呢？

　　吊柜的功能布局有三个区域：水槽区域、操作台区域、灶台区域。这三个区域收纳的物品虽然完全不同，但有一个共性，即它们各自纵向的黄金区和白银区都在同一水平线。

白银区

黄金区

吊柜的黄金区和白银区

黄金区用于存放日常使用频率较高的物品，它占柜体面积的 1/3。而白银区用于存放次常用或不常用的物品，它占柜体面积的 2/3。

黄金区 = 人体身高 ±30cm

地柜与吊柜距离一般在 1.6m 左右，所以这一层刚好也是方便拿取的区域，存放常用或次常用物品，但是每个区域操作不同，为了保证方便使用，存放的物品就应该不同。

（1）水槽区：存放瓷具、碗具、杯子等。方便我们洗干净后一个动作就可以完成存放。所以在前面设计时，这个区域的底层可以设计得矮一点（多用活动板）。

对于这个区域已设计成均分的朋友，这时就可以通过添置置物架将此区域分层，从而充分利用上层空间。

当然也可以直接在板材上面加一个收纳篮，从而充分利用上层空间。这时就可以根据我们的预算以及审美来选择了。

（2）操作台区：存放大袋包装、没用完的调味料或袋装食物以及干杂物，甚至可以存放次常用的料理机或烘焙物品。

上述物品种类多、形状不一、高矮不一，所以可以添置尺寸合适的收纳篮将它们分门别类地存放。

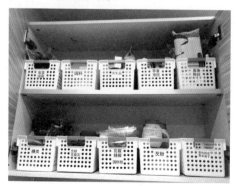

　　而对于干杂物、粗粮特别多的朋友，就可以添置透明的方形储物罐来收纳。这时记得一定要选择瓶身呈方形、透明的，因为方形不会浪费空间，透明则不需要特意贴标签。

　　还有一点值得注意的是：罐子的深度和高度一定要选择跟柜子的深度和高度相符的。一个罐子的高度没有柜子高时，可以用相同宽度、不同高度的罐子组合重叠收纳。毕竟我们不可能保证买的每一个干杂物都是一样的量，量少的就用小罐子，量大的就用大罐子。

（3）灶台区：存放多余的锅具或调味料类。

灶台上面如果安装有油烟机和柜子，一般这个区域的储物空间都会比较异形，容纳不了太多的物品，并且这个区域的油烟多且温度高，所以建议在灶台区就存放一些不常用的尺寸适合的锅具或者其他调味料等小物件。值得注意的是：如果要放小件，一定记得加一些尺寸适合的收纳篮，如此才能收纳得更多且方便拿取。

顶上一层或 ≥ 190cm 的区域不易直接拿取物品，所以多考虑存放不常用的锅具、洗涤用具或多余食品以及多余的储物罐、水杯、瓷器、饭盒等。如果层高太高，尽量考虑存放高一点的物品；如果物品都比较矮，那尽量配合分层置物架和收纳篮使用。

掌握厨房收纳原则，让做饭成为一种享受 ◎

掌握下面这些厨房收纳原则，整理才不会前功尽弃。

厨房收纳原则一：不要在柜体表面放置太多物品

除了使用频率超高的电饭煲、水壶之类外，不要在柜体表面再放置太多其他物品，更不要在燃气灶旁边放置调味料或者在厨房墙壁上悬挂汤勺、锅铲之类物品。因为东西越多，越难打扫。

请记住：收纳是为了让生活更轻松、更快捷、更简单，而非更麻烦。

像各种瓶瓶罐罐的调味料一般建议放到吊柜或地柜的抽屉或拉篮里。

　　在选择调味料储物罐时建议选择500mL的，不要选择很精美却很小的储物罐，否则会出现每次新开一袋调味料把罐子装满后还剩一半，还需要用夹子夹好后再放一个地方，这就是很多家庭总是遗忘抽屉某个角落居然还有一些调料的原因。

　　汤勺、锅铲、刀具都可以考虑放置于地柜拉篮或抽屉里面，不要放在墙面上，不要在水槽上面加置物架、沥碗架，除非你有足够的时间和精力去打扫。其实我们可以养成每次洗碗后用帕子将碗擦干净后再放入柜子的习惯。

一个习惯就可以解决的问题就不要靠添置收纳工具去完成。

　　水槽上方除了悬挂一次性厨房用纸和不锈钢洗洁精桶外，其他的就不要添置了。

　　水槽里面也不要放东西，很多朋友喜欢在水槽里面放架子、帕子、刷子等，这样会使本就不喜欢洗碗的人更不想洗了，因为这些东西都是累积污渍和油腻的帮凶。

所有的清洁用品，包括储存的垃圾袋，建议都放到水槽门板上悬挂起来，需要用时再拿出来。

厨房收纳原则二：定下未来物品的使用数量

首先我们要明确以下几点：

（1）我们的空间是有限的。那必定要把有限的空间用于存放那些自己真正喜欢或常用的物品上。

（2）房子是用于居住的，不是拿来囤积物品的。

（3）人的精力是有限的，买那么多东西是否都能使用完？

（4）家中东西多，并不意味着不缺东西，相反的是你会经常找不到所需要的。

所以在整理厨房时，一定要记得控制物品的数量，定下我们以后可能会用到的物品的数量。

比如垃圾袋，其实根本不需要那么多，留下 10 个就足够了。你用了 1 个袋子等到下次买菜时又可以留下 1 个补充替代，就这样一直保持下去就可以了。

至于厨房的锅具、食物、纸巾等消耗品和长期使用品，都应该有固定量。当长期使用品损坏而无法使用时，才考虑要添置新的。而消耗品一般要在用完前一周补充购买，千万不要囤货，买的量最多不要超过 3 个月的使用量。否则无论多大的家，都会感觉乱，感觉不够装。如果控制好物品使用的数量，即使再小的空间也不愁不够用。

厨房收纳原则三：不同大小的碗盘忌叠放，分成相同大小的餐具叠放

很多朋友都是把碗大套小、小套小来收纳，这样的收纳虽然省空间，但是拿取困难。所以碗盘的收纳一定不要不同型号重叠收纳。首先要分类，一个类别一叠，分开收纳。如果一叠不是很高，上面的空间有点浪费，那就添置分层置物架分层收纳。

碗盘一个类别一叠，分开收纳

厨房收纳原则四：忌将餐柜塞得满满当当

厨房的柜体在收纳时千万不要见缝插针，这样只会让你浪费更多的时间和金钱。

有数据显示，全世界平均每个家庭每年因为不会收纳，会浪费1万元购买重复的和无用的物品。其实我相信很多人有过厨房食物过期的体验，过期的东西越多越能说明你家厨房收纳是属于见缝插针型的。

带包装盒的物品只要不送人就把它拆出来收纳，因为包装盒会占用

很大的空间。

收纳时要善用柜体深度，同类物品采用横向或纵向排列存放，方便拿取，并且柜子存放物品的饱和度不能超过80%。

厨房收纳原则五：善用隐藏收纳法和直立收纳法

厨房是采用隐藏收纳法的最佳区域。

进餐工具

煮食物的辅助工具

液体调味料

固体调味料

所有做饭的辅助工具，如菜板、刀具、刀叉、汤勺、锅铲等尽量采用直立收纳法并隐藏收纳，方便拿取且不占用空间，还容易清洁。

收纳是为了方便，同时也会让我们养成更加科学的生活习惯。把正确的规则变成习惯，厨房的收纳就会得心应手。

卫生间收纳的奥秘 ◎

卫生间是一天生活开启的地方，所以我们要致力于把它打造成一个令人心情舒畅、高效率的地方。

卫生间零零碎碎聚集了各类基础化妆品，如果不遵守"每多一个就减一个"的原则，卫生间很快就会塞满各种东西。因此，要最低限度保留必要物品，用完之前绝不添置新的。

根据使用区域及使用频率尽量壁挂收纳，大件壁挂配件多建议使用 304 不锈钢材质的悬挂，耐用且易清洗。如果是后期添置，建议使用无痕钉、免钉胶以及磁铁吸这三种方式进行固定。

洗漱区的收纳原则：
保持台面空间的清爽干净

很多朋友会把牙刷、牙杯、洗面奶等小物件全部堆积在洗漱台面上，这样会使台面很容易累积污渍且不易

牙膏夹

打理。所以这个区域的物品能上墙尽量上墙。

常用的工具主要有悬空置物架、免打孔置物架、引磁片等。

引磁片

①磁铁用免钉胶粘贴在杯底

①将两片磁铁分别贴上无痕胶

②另一个磁铁粘贴在柜台下

引磁片

②贴好胶的磁铁粘贴在杯底

③免钉胶固化比较慢（建议粘贴48小时后再使用）

*注：粘贴前先对吸磁铁分清NS极，做好标记（同性相斥、异性相吸）

引磁片的使用方法

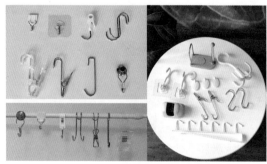

燕尾夹

镜面柜由于空间尺寸有限，仅用于收纳基础护肤品和吹风机即可。一般需要插电使用的小家电都不建议悬挂在外面，有安全隐患，同时会降低其使用寿命。所以无论市面上的吹风机收纳工具多神奇都不建议都把它放到柜体外面，如果空间大小允许，直接把它放到镜面柜里。也可以把吹风机悬挂在镜面柜，空出的区域集中存放其他物品。

对于层高特别高的镜面柜，如何充分利用上层空间呢？

第一种方式是在上面添置伸缩杆或伸缩板，把一层区域变成两层区域。

第二种方式是在里面选择尺寸相符的壁挂式的收纳盒，进行分层分区。

第三种方式是加一些尺寸相符的收纳盒叠加收纳。

　　而地柜的收纳主要取决于地柜的设计方式，如果地柜全部是抽屉，这时可以再根据抽屉的尺寸选择大小适合的收纳盒，分区收纳即可。

　　如果水槽下地柜未进行抽屉的设计，由于水管导致空间异形，就需要添置一些辅助工具配合收纳盒，采用直立法收纳生活用具，以保证充分利用上层空间。考虑到承重的效果，推荐使用伸缩隔板加收纳篮。

水槽下方配合收纳盒进行直立收纳

如果想追求完美，也可以选择符合空间尺寸的统一收纳盒，让水槽下面也成为一道赏心悦目的风景线。

在设计卫生间水槽区域的地柜时，尽量选择抽屉加柜体的组合式设计，这样可以满足多类物品的不同需求，在后期的收纳工具添置上就会少花费很多心思和金钱。

洗浴区的收纳原则：能上墙的统统上墙，特别是要充分利用拐角处

在洗浴区选择置物架时，最佳的选择是在装修时就设置 304 不锈钢置物架。

如果把洗浴品都放到洗浴区的地上或窗台上，本来就很小的卫生间会显得更杂乱，长期堆积下来就会让人感觉很压抑。

如果洗浴区有拐角，一定要善用拐角，可添置拐角壁挂架后采用壁挂收纳法。这会让我们的行动空间更加顺畅且便利。

马桶区的收纳原则：充分利用马桶的上层空间和马桶的侧面空间

马桶上方如果什么都不放就会浪费空间，为了充分利用上层空间，常见的有两种方法：

第一种方法是在马桶上面添置马桶置物架。

马桶置物架可选择开放式

的成品架，也可在马桶后方订制柜子。当然，两者各有利弊，开放式的会显得杂乱，而订制的柜子会显得压抑，特别是在小空间内。

第二种方法是在马桶后方添置 304 不锈钢的多功能毛巾架。这样既可以解决全家的毛巾问题，也不会使卫生间显得很狭窄和压抑。

马桶侧面还可以考虑上墙或上柜的纸巾架和马桶刷架。在最初设计时，如果可以把它们设计到柜体里面，卫生间的清理就会特别容易。

　　如果此区域旁边还有一些窄缝空间，则可以在此添置窄柜，便可以充分利用每个区域的空间了。

　　对于卫生间的墙面空间，比如淋浴区、柜体、窗户、门板的墙面，可以考虑在不影响动线和美观的情况下，放置一些常在本区域使用的物品，把它们充分利用起来。

　　比如就可以悬挂一些盆子，当然更建议大家选择折叠盆，这样会特别省空间。此外，脏衣篮也建议选择折叠式的。总之，卫生间的东西能上墙都上墙就对了。

脏衣篮

折叠盆

这里给大家分享一些好用、平价、易替换的收纳用具：

拖鞋晾干架	拖把挂钩	伸缩杆 +S 形挂钩
眉刀磁铁	眉笔收纳盒	十字盒
家居挂钩夹	折叠收纳筐	免钉胶
隐形晾衣绳	折叠洗脸盆	免钉拖把架
两段式的洗衣机侧壁收纳架	免钉支架	折叠架（放抹布）
塑料袋收纳盒	雨伞架	磁铁挂钩（挂口罩）
磁铁夹	数据线磁吸理线器	

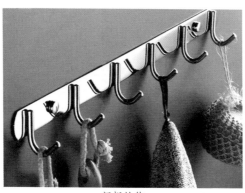

门板挂钩

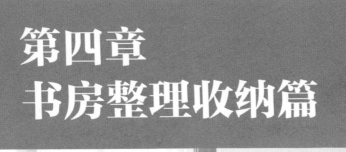

第四章
书房整理收纳篇

书桌如何分区布局更合理 ◎

桌子的状态往往会反映工作的状态，如果桌子凌乱不堪，那么我们的工作往往也会头绪不清。

要想书桌干净整齐，就需要合理配置书桌的空间，将物品归位，不胡乱摆放。

首先我们拿出一张白纸，写下自己会在书桌上做哪些事情，会用哪些物品。

书桌的功能及其摆放的物品

需要做的事情	办公、看书、写字、充电等
会用的物品	计算机、水杯、鼠标、笔筒、充电线等
收纳工具	笔筒、文件夹、抽屉收纳盒等
摆放的物品	花卉、相框、台灯等

装饰纪念摆件放在空间外部，把花卉放在计算机旁，因为这会使人心情更加愉悦，减少疲劳。相框摆到书柜上面的开放式柜体上，这可以不影响本身就不大的桌面的使用。

次常用的放在书桌柜体上面：书籍、资料、文件夹。

不常用的则放在抽屉或柜体内：数据线、U 盘、充电宝等。

水杯需要喝水时可以从厨房拿过来，每次喝完水再拿到厨房洗干净并放回去，水果或零食也是想吃时拿到书房去，等工作完毕后及时处理并归位。将书桌清理，保持桌面干净，让每个物品都回归到固定的位置。

接下来就是抽屉区，抽屉的收纳原则：按区域模块划分物品的存放区域。

抽屉有不同的层高，要想充分利用抽屉的空间，就需要根据不同的层高将不同的物品分类，并根据符合的高度分区。下面介绍两个收纳小窍门。

收纳窍门1

抽屉收纳盒可以作为零碎物件的分割盒，不仅可以收纳容易散乱的小物件，还可以为抽屉划分区域，分类存放物品，使用时方便寻找。

抽屉收纳盒

在这里值得注意的是，如果物品立起来的高度跟抽屉的高度差不多，那就立起来存放。特别是一些扁平的物品，平铺重叠放很占空间，而且拿取也不方便，不如把它们立起来收纳，拿取更方便。

物品立起来，
不要躺着放

收纳窍门 2

如果抽屉比较深而物品种类也不是特别多时，就可以用简单的伸缩分割板进行分隔，同时还能充分利用上层空间，达到一目了然、拿取方便的效果。

利用伸缩分割板进行分隔，拿取更方便

带有地柜的书桌通常都是订制的，建议订制时书柜的下方设计成高矮不一的抽屉。

带地柜的书桌，尽量选择存放跟柜体高度一致的物品，如果物品比较矮小，可以通过添置分层收纳架进行存放。

如果物品是可以悬挂的，也可以在柜体内加伸缩杆配合 S 形挂钩悬挂收纳，其下方直接摆放收纳即可。

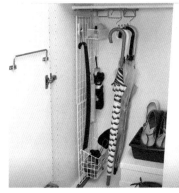 

带书柜的书桌一般建议将书柜设计成三层及以上的层数。最上面一层存放收藏类书籍或不常用书籍；而眼睛平视及手能够得着的地方一般有两层，可以放常用书籍；最底下的区域则存放当下会看的书籍或当下正在使用的文件资料，一般不要超过七分满。

由于每个人的习惯不同，分类就不同。通常可以分为学习类、阅读类、兴趣爱好类、专业类。对于书籍较少的人，在不影响寻找书籍的前提下，按书籍高矮排序就好，总之以方便寻找和拿取为原则。

带书桌的书柜及其书籍的摆放

一般情况下，标准的书柜每层高 30cm，最高不超过 40cm。如果还没装修，最好的办法是在设计前先把你的书籍分类，然后测量一下书籍大致的高度，在此基础上 +2cm 就是设计的书柜的高度。这样后期就不需要添置任何收纳工具，同时空间也能得到充分利用。

书房的取舍之道与收纳小技巧　◎

　　我相信对于书籍的断舍离，没有接触过整理的人，甚至接触过一点整理的人都会感觉非常困难甚至有些抵触。

　　书籍的取舍可以从以下几个层面来考虑。

1. 明确书籍是阅读还是收藏

　　书籍跟普通物品不一样的是，它不仅仅是学习工具，有时候可能是情感的寄托，甚至有些是有收藏价值的书籍。因为从心理学来讲我们赋予了书籍特殊的价值和意义，所以丢弃书籍会有抵触情绪。

　　但是我们始终要明白藏书空间是有限的，当储存量饱和后，因不易拿取就会随意堆放，想读的书则被埋没在底层，无法寻找，所以需要从观念上改变对书籍的执念。阅读完且已没有收藏价值的书籍就出售或捐赠出去，再给别人带去价值。保证留下来的都是目前在读或确定有收藏价值的书籍。需注意的是要保证以收藏为目的的书籍数量不超过书籍总数的 1/5，否则那不是收藏，而是盲目囤书了。

2. 确定空间所装书籍的容量

　　确定家里的藏书位置，根据区域的大小判断所能容纳书籍的数量，称之为固定基数。比如，书房存放书籍的固定基数在 70 本，那就保证书籍总数在这个数字内，如果超出或想要添置新的书籍，就需要把已经读完没有价值的书籍进行处理，然后再去添置新的。从而保证无论何时书籍都不会堆砌，都是整齐有序的。

3. 确定书籍循环更新的时间

书籍需要循环更新，经常检查已拥有的书籍，如果是超过一年没阅读的，就可以处理掉，如果还是不舍得丢弃，一个过渡的办法就是把这类书籍全部集中放置在顶层不易拿取的区域，避免占用黄金区。等到后面需要添置新书时，就根据情况淘汰顶层书籍，此时就不需要花费很多时间去思考了，因为在取舍中有对比更容易做决断。

整理好书柜之后如何让整个房间看起来更加整齐有序呢？这时候还会有很多零碎物品或配件影响美观。

特别是放置在书房的计算机，如果计算机线收纳不好，也会显得整个房间杂乱不堪。因此，可以通过桌上的走线孔将线全部排到桌后或桌子一侧，用扎线带把它捆绑起来再藏到抽屉或柜子后面。

走线管

　　对于繁杂又多的文件不妨考虑用七彩颜色的文件夹，如此可以为书房带来充满活力的视觉效果，七彩颜色也可以调节心情，使人更加愉悦。用文件夹收纳各类文件，贴上分类标签，可以有效利用书柜空间。

七彩颜色的文件夹

　　对于保修书、发票、保险单等资料可以用几个透明文件袋，把它们按类型分类，装进不同颜色的袋子里。

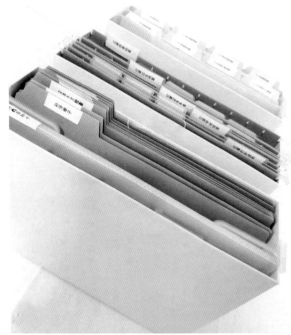

保修书、发票、保险单等资料的收纳

在整理这类物品时很多朋友最纠结的是：不知道是留还是舍，因为不知道它们的保质期如何。下表列举了各类资料文件的保质期，供大家参考。

各类资料文件的保质期

1个月	1年	5年	永久
购物凭证	银行流水	家庭收支表	身份证明
付款凭证	支票存根	中期投资	产权证明

续表

1个月	1年	5年	永久
银行回单	1年期保险	中期保险	各种证书
各种账单	体检报告	医药发票	长期保险
优惠券	短期合同协议	中期合同协议	长期合同协议
留意的广告	旅游游记	病历	遗嘱
	说明书	捐赠记录	密码储存
	孩子的作业、成绩单	非消耗发票	专利
	孩子的活动纪念物、奖状	保修卡	特殊纪念品
		保修保养记录	已销毁文件的电子留存件

多功能书房的榻榻米收纳 ◎

榻榻米俨然已经成为小户型的新宠，因为它节约空间、风格多变，而且具有超强的收纳功能，使家的每一寸空间都被充分利用。

所以目前国内较多的人都把书房设置成一个就寝兼学习为一体的多功能房间。

榻榻米在设计前的注意事项

（1）上翻门板用液压气撑会比普通铰链更省力和耐用。

（2）带升降桌的容易积灰，不易打理，要慎重考虑。

（3）榻榻米防潮很重要，安装前地板下面要铺防潮垫，并且榻榻米下面要做 5cm 以上的地台，可以防潮。上翻门做成排骨架，通风效果更好，还可以节约预算。

（4）南方楼层在 5 层以下的房子尽量不要装榻榻米，容易受潮发霉。

（5）规划水电时，榻榻米旁边的开关插座一定要预留85cm高的位置。

榻榻米在设计布局时的注意事项

（1）有飘窗台的，可以将飘窗台覆盖，增加榻榻米的使用面积。

（2）小面积房间要充分利用立体空间，比如低于 5m² 的空间尽量把榻榻米拉通设计并且在末端拉通到顶设计一组柜子，可以设计成悬挂或者折叠区域加抽屉组合，超过榻榻米的区域则设计成其他多功能柜体（书柜）以满足不同物品的存放需要。

多功能书房的
榻榻米

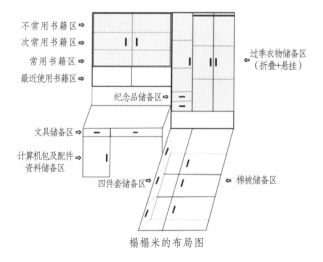

榻榻米的布局图

（3）对于空间在 10m² 以上的房间，就可以把两端都设计成墙面储物柜，充分利用顶层空间，并且侧面可以考虑做连体柜拉通或设计成隔断置物架。

将榻榻米两端设计成储物柜

（4）榻榻米末端设计顶柜时，下面榻榻米的位置可以考虑设计为抽屉或推拉式移动柜子。

榻榻米末端顶柜的设计

（5）榻榻米的高度一定要≥30cm，最高不能超过50cm，否则会影响使用的舒适度。

（6）榻榻米的外部一定要有抽屉，内部设计成液压开门，这样组合才能满足不同物品的需要，千万不要全部设计成液压的或柜门的，否则不方便分类。

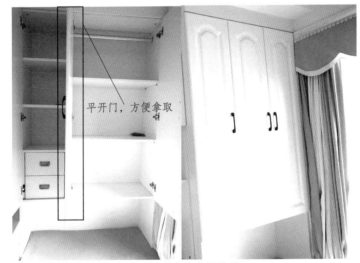

平开门，方便拿取

榻榻米外部柜体的设计

（7）不要做成全密封式柜体，一定是密封式、半开放式、开放式三种组合。要注意的是全密封式会显得很压抑，全开放式在清洁管理上又会很麻烦。

榻榻米的储物空间有悬挂柜体、层板柜体、抽屉三类。

悬挂柜体的收纳采用前面讲过的植绒衣架悬挂即可。

层板柜体的收纳需明确存放什么。如果是衣物，折叠好存放在柜体内即可。对于柜体空间较宽的区域可以添置高度适合的收纳盒来收纳衣物。如果是书籍，直接按类型、高矮、使用频率排放好即可。

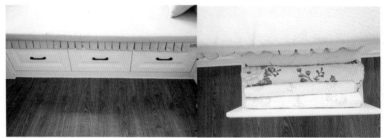

若抽屉比较深，可存放衣物或床上用品；若比较浅，一般存放书房的一些小物件。这时候为了有效分区，就需要添置一些抽屉收纳盒进行分区存放。

榻榻米设计时的注意事项

（1）注意防潮。

防潮是榻榻米面临的最大问题。榻榻米的四周都有遮挡，一旦返潮，不仅床箱内部储存的物品容易发霉、损坏，还有可能导致榻榻米变形。

榻榻米防潮，主要注意两个地方：

一是床板。不要用严严实实的木板，最好换成成品床常用的排骨架，以保证榻榻米表面的通风。

二是底部不要紧贴地面。因为水蒸气一般集中在地面附近。如果床体紧贴地面，水蒸气势必会损坏家具，特别是有地暖的用户。

建议榻榻米使用四边支撑，底部留下一段空隙。如果嫌不美观，可以在外面用挡板遮住。

（2）注意舒适度。

榻榻米一般都要靠窗安装，但是窗户附近的温度变化明显，睡在这里肯定不会很舒服。因此，榻榻米在安装时建议与窗户拉开一段距离。在这段距离上，可以做一个置物架，既保证了舒适性，又能当做床头柜使用；或者把窗户安装到侧面，选择遮光效果较好的窗帘。

（3）注意实用性。

榻榻米的好处是可以汇集各种家具的功能，如衣柜、书桌等。有一些榻榻米的设计更加新颖，比如，在中间有一张可以抽出来的、只能坐在榻榻米上使用的小书桌等，这些并不一定适合每个家庭，我们一定要根据自身在乎的关键点取舍自己的设计方案。

第五章
办公整理收纳篇

保持桌面时刻整齐的四象限法则 ◎

　　如何才能有效管理我们的文件、物品，减少找东西的时间呢？下面为大家提供几个小方法：

　　首先，日用品的摆放位置要各归其位，刚开始你会觉得烦琐，但是习惯后就会发现不用乱翻乱找了，可以节约大量时间。

　　其次，办公资料按用途、时间进行分类。要定期整理删除或备份，可以运用档案盒、文件夹等归档，需要寻找时一目了然。

办公桌的整理

办公桌就是你的工作阵地，就像你的驾驶舱，如果驾驶舱乱七八糟，你还能顺利地工作吗？下面给大家介绍办公桌的区域划分规划，只需一次就可以维持桌面的长久整齐。

把桌面分成四个区域：

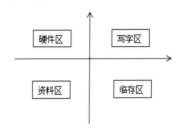

桌面的四象限分区

还要考虑以下四个问题：

（1）我在办公桌上经常会做些什么？

（2）怎样分区能够既节约时间又美观？

（3）用来操作写字的空间需要多大？

（4）需要准备一个多大的临存区存放临时性物品或文件呢？

这样思考后，分区就变得简单，可以轻松地画出下面这张图，具体位置根据你的习惯进行变化。

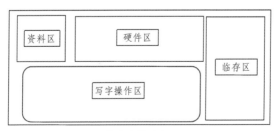

办公桌的分区

资料区：存放一些日常用的普通资料，运用彩色文件夹按类别和日期分门别类地存放并贴好标签，远离水杯；不常用，但是需要保存的资料可以放到档案库这种看不见的地方，也避免了沾染灰尘。

硬件区：属于重要且常用的区域，主要用来放一些常用硬件设施，如计算机键盘、鼠标、电话、打印机等。

临存区：属于不重要且不常用区域。像一些不能及时归位的物品就可以考虑存放在这个区域，在结束工作前一起清理归位。这个区域不重要，却是维持整齐有序的办公桌的亮点，所以临时用的东西都固定集中在这个区域，在集中时间归位，以免桌面显得杂乱不堪。

写字操作区：属于重要且次常用的地方。工作最频繁时可能就是用计算机打字或手工写字，这就需要一个足够大的区域，也能让我们有足够大的空间发挥想象，还能提高工作效率。

保持看得见的地方只放不超过二分满的物品，书桌的桌面放必不可少的计算机、笔筒、键盘及临存的水杯。当然如果书桌足够大，还可以存放你喜爱的绿植。

神奇的文件收纳　◎

很多人习惯保存那些过期或无用的纸质资料，从而导致办公室纸质资料堆积如山。

其实对于那些过期或无用的纸质资料，就没有必要耗时耗力地保存，而且既然是打印资料，一般都会有电子文档，所以可以斟酌舍弃适量的纸质资料，留下合适数量的纸质资料。

接下来我们来看一下如何整理文件。

1.把所有同类的东西从收纳空间里全部拿出来

2.边拿边集中在一个地方分类

将文件资料按级别分类

一级	二级	三级	四级	五级
毕业证、户口本、房产证、驾驶证、行驶证、结婚证、护照、学历证等	银行卡、会员卡、积分卡、购物卡、优惠卡、名片等	票根、奖状、证书、聘书、邮票、门票、机票、车票等	劳动合同、体检报告、合作协议等	说明书、保修卡等

3. 分类完成后判断取舍

根据是否真的会用来决定取舍，也可以参照前面介绍的文件保存周期表来决定取舍。

留存的原则可以参考以下几点：

（1）现在手头正在用的文件。

（2）短期内需要使用的文件，如工作或项目执行 3 个月内的相关文件资料。

（3）扔掉后不补办比较麻烦，甚至没法补办的一级文件，如身份证、户口本、房产证等。

（4）工作中需要保留为存证的四级文件。

（5）一些确实有纪念意义的三级文件。

4. 对留下的物品进行收纳

文件：能保存电子档的就不保存纸质文档。带印章的合同统一分类，保存在一个大收纳盒中，根据文件的多少决定收纳盒的大小和数量。

推荐工具：立式手风琴包、文件袋、文件收纳盒、文件收纳抽屉。

立式手风琴包

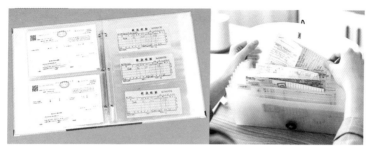

单据：需要报销的单独按月份、季度或年度夹起来放在收纳盒里。

推荐工具：发票夹、发票收纳盒。

小票：一般可以全部扔掉，如果需要记账，那就记账后再全部扔掉，这样就不需要花费大量时间收纳管理。

证件：这类一定要用密封性强、透明、大小适合的收纳盒来收纳。

推荐工具：磨砂活页夹与磨砂活页拉链袋配合使用（尺寸可选）。

磨砂活页夹

卡片：除了必须要出示才能使用的以外，其他报会员卡号即可使用的都可以把会员卡拍照，然后扔掉。

将办公室的物品按照"快乐四色法"存放：

红色文件袋：装重要资料，如公司资料、客户资料、合同协议。

蓝色文件袋：装需紧急处理的资料。

绿色文件袋：装收藏型资料，如证件、证书、奖状等。

白色文件袋：装即将过期的资料，这类资料一定要用白色，便于提醒自己要及时处理。

当然以此来区分类别后，还可以根据个人资料的具体情况再做标签标注区分。在分类时只需要大类套很多小类即可。根据自己的情况决定如何分类让自己更加方便，这样才能让我们对文件管理真正做到一目了然。

对于有强迫症的朋友，也可以把所有的文件袋都用一种颜色，只需要标注好每个类别即可。

最后需要提醒的是：千万不要添置多余的收纳工具，收纳工具的使用是根据实际需求选择的。每个人追求的目的和效果不同，选择自然也是不一样的，只要是让自己感觉方便的就是好的收纳。

用整理术打造一个高效的工作环境 ◎

1. 在整理前要确定整理需求和目标

在整理前我们应当思考整理的真正目的是什么、希望达到怎样的效果。

比如，对于希望放得更多的人来说，需要的就是增加更多的储物柜或收纳盒，从而增加储物空间。

对于希望整齐美观且方便使用的完美主义者来说，可能对添置的收纳工具有严格统一的审美要求。

对于希望办公更加高效、不希望浪费大量时间在寻找和管理上的人来说，需要做的就是将物品减少到极致，否则无论如何都达不到想要的效果。

所以，如果没有明确的整理目标就盲目地开始整理，那么整理就永远都发挥不出很好的效果，也达不到我们的要求。

2. 每一次的整理都必定要重审我们的物品

工作的时期不同所需要的文件资料也不同，每一个文件资料都有固定的使用期限。我们每天都在增加物品，而物品的使用周期也是有限的，如果在一次整理中没有对自己的物品进行重审，那么那些不需要和过期的东西就会降低你的工作效率，所以这样的整理不是完整的整理。请记得在每一次整理时都将自己的物品进行重审，只留下需要的。

3. 难以判断是否还要使用的文件资料放到暂存区

在整理取舍的过程中难免会遇到某些资料文件不确定是否需要的时候，这时可以把这类文件资料单独拿一个收纳盒存放到暂存区。这个区域的位置一定不是在黄金区，可以是需要三个动作才能够拿取的不常用区域，同时一定要贴好标签注明详细的物品类别。等到下一次整理时，明确确实不需要就可以毫不犹豫地舍弃了。

4. 桌面只保留日常工作必需品

过于杂乱的桌面容易让人心情烦躁、办事情毫无头绪。所以桌面不可太乱，但也不能什么都没有，为了让工作更高效，最好只保留必须用的物品，如键盘、鼠标、文件资料夹、笔筒、水杯等。

5. 打印的纸质资料及时废弃处理

有电子文档的纸质资料或用完后不会再有意义的纸质资料就没必要耗时、耗力地保存，这只会浪费更多空间、时间和精力。

6. 建立办公秩序且培养物归原位的好习惯

要想保持办公室时刻整齐，仅仅靠分区是不够的，还需要日常的维护。经常想找某件物品怎么也找不到，其原因就是没有把物品放在固定的位置，所以要养成时刻物归原位的好习惯。

分类后的同类物品，可以通过标签让自己清楚知道其具体收纳位置，从而建立一个良性的整理秩序。

7. 保持生机盎然的桌面

要想在办公室开启新一天的工作，无论晚上加班到多晚都要把办公桌的物品——归位。当然为缓解工作疲劳，不妨在办公桌上养一盆自己喜爱的植物或摆放值得纪念的照片。

无论工作有多忙，都请好好整理我们的工作环境，它是我们的第二个家，影响着我们一整天的心情。

第六章
出行整理收纳篇

出行前做好这些准备，享受轻松愉快的旅行 ◎

虽然很期待出去旅游，但是纠结于收拾大包小包的行李。感觉什么都要带，外套、裤子、T恤、鞋、帽子、配饰、内衣、护肤品、药物等都得带着，洗漱用品、充电器也不能少。如果没点收纳技巧的话，你会发现这些东西是装不下的。

即将出门时，发现项链交织在一起，衣服又褶皱到不敢穿出门，想穿的那件衣服好像忘记带了，因此，在出行前做好必带物品清单是非常有必要的。

1. 提前了解行程安排

收拾行李前，提前了解目的地的天气、所待的天数以及大致的行程安排，由此确定所要穿的衣物、配饰的数量。列一个清单是最好不过的了，将出行必备品罗列清楚，根据清单仔细对照，一目了然。

人物	A	B	C	D
所带衣物套数（件）				
其他物品类别（个）				

对照清单进
行出行准备

出行清单

　　同时还要考虑哪些是必备的、哪些是可有可无的，箱子装不下时优先淘汰可有可无的，这样就不会在装不下时纠结半天，结果还把重要的遗忘了。

　　还有一个原则是：所携带的衣物都要考虑好如何搭配，不带没有适合配套穿搭的单品。

2. 确定行李箱的尺寸与携带情况

　　假如想要带特别多的衣服，却只有一个 20 寸的箱子，那就算收纳高手也没办法将 30 寸箱子才能装下的东西装进 20 寸的箱子里。

　　此外，出行整理与居家整理不一样，居家整理是最大化地利用空间，而出行整理是高效地利用空间，空出一定的空间方便回来时携带礼物。

同样，如果不想花费太多时间去等待托运，就只能选择不超过 20 寸的行李箱。

这里给大家推荐不同尺寸行李箱的科学容量以及适合出行的方式。

行李箱对应的规格适用表

尺寸	规格（cm）	容量	适合出行人数	用途	能否登机
20寸	51×34×24	4~10套衣服	1~2人	短途出差、旅行	能
22寸	55×35×24	7~13套衣服	2人	国内出游	否
24寸	61×42×26	10~16套衣服	2~3人	长、短途皆宜	否
25寸	62×43×28	13~18套衣服	2~3人	家庭出游	否
28寸	72×40×30	16~20套衣服	≥3人	出国留学、出差	否

3.列行李清单：避免遗漏，方便空间不够时舍弃和归类

列行李清单就像做创业计划一样，有计划地做事情跟毫无准备地做事情，取得的结果是完全不同的。有计划时，会考虑到突发事件的应对方法；若毫无计划，即使遇到一些小的突发事件也很容易让我们手足无措，甚至失败。

行李箱清单

衣物类	配饰类	日用品类	电子设备类	证件类	其他
上衣：外套、毛衣、卫衣、T恤、背心 **下装**：裤子、半裙、裤裙 **特殊衣物**：连衣裙、保暖衣、睡衣、运动衣 **小物件**：内衣、内裤、袜子、平角裤 **鞋子**：高跟鞋、运动鞋	领带、腰带、包、帽子、项链、耳环、戒指、眼镜、手表、手链	**洗漱类**：牙膏、牙刷、牙杯、沐浴用品、洗发用品、剃须刀 **护理类**：一次性床单、卫生巾、卫生纸、口罩、眼睛护理液、指甲刀 **化妆类**：护肤品、卸妆水、卸妆棉、彩妆及工具、洗面奶、面膜、底妆、眼眉妆、防晒霜	**数码产品**：iPad、电脑及其配件、相机及其配件 **数据类**：充电头、充电线、充电宝、转化头、读卡器、U盘	身份证、港澳台通行证、护照、驾照	**药物类**：过敏药、胃药、感冒药、清火药 **雨具**：雨伞、雨衣 **学习/工作/生活类**：笔记本、书籍、银行卡

让你的行李箱一目了然的整理 ◎

不同类别和形状的物品如何在行李箱的不同区域整齐有序地呈现且方便拿取呢？

1. 衣物类

上衣：外套、毛衣、卫衣、T恤、背心等。

大件平铺在面上

大件、易皱的最好穿在身上携带，如果比较多的话，那就把它们平铺到已装得八分满的箱子上面，尽量减少褶皱。

对于不容易皱、材质软的衣服，如毛衣、T恤，可以采用内扣法，然后直立收纳到行李箱。

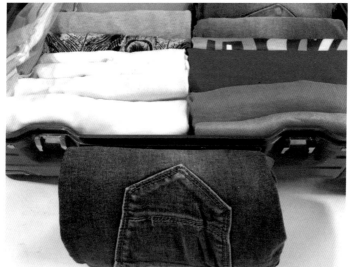

值得注意的是，内扣的高度和宽度一定要考虑到行李箱存放区域的高度和宽度。

如果有大件的外套，记得不要叠得太高，保证上层空间能够平铺。

下装：裤子、半裙、裤裙等。

下装一样可以采用内扣法。

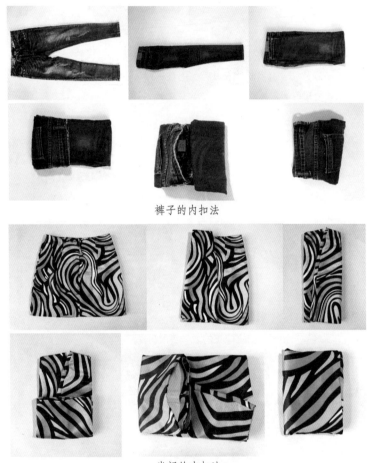

裤子的内扣法

半裙的内扣法

特殊衣物：连衣裙、保暖衣、睡衣、运动衣、围巾、丝巾。

睡衣、运动衣、围巾、丝巾都可以采用内扣法折叠。

丝巾的内扣法

连衣裙因为比较滑且容易褶皱，所以为了不易褶皱且节省空间，一般采用比内扣法多一步的外翻法。使用这个方法时记得一定要把它立起来存放。

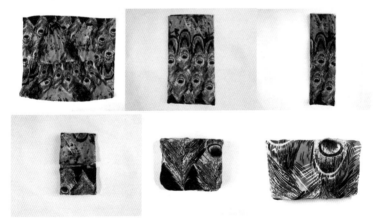

连衣裙的外翻法

小物件：内衣、内裤、袜子、平角裤等。

很多朋友都喜欢把小物件卷起来，其实我不支持此方法，首先卷起来容易散掉，其次卷起来后是圆形的、不牢固，根本无法充分利用空间，同时这个方法在存放时不易调整到大小适合的尺寸，因此容易造成空间浪费。

因此，小物件建议也采用内扣法：

内裤的内扣法

鞋子

用密封袋正反侧身存放，这样可利用鞋底的硬度支撑外部的压力，避免鞋子变形。

采用完全密封的一次性密封袋分类，这样既干净卫生，又不会传播气味和细菌。

2. 配饰类

领带、腰带、包、帽子、项链、耳环、戒指、手表、手链等。

领带、腰带携带在身上是最好的，如果必须要放到行李箱里，最好把领带打到衬衣上面，腰带不是特别粗就藏到衬衣领下面，用单独的盒子来存放，这样也可以保证衬衣领不会变形。

当然空间足够多且追求完美的人士可以选择领带、腰带的收纳盒子。

领带收纳盒

耳环、项链、戒指、手表、手链、眼镜等能戴在身上的全戴在身上，戴不了的都选择大小适合的盒子收纳到里面，然后装到行李箱辅助袋里。

眼镜收纳盒

饰品收纳盒

3. 日用品类

洗漱类：牙膏、牙刷、牙杯、沐浴用品、洗发用品、剃须刀等。

牙杯最好选择可折叠的，牙刷、牙膏都放在小盒子里面，将这一类物品全部放到一个防水袋里面，或者直接选择既可以当水杯又可以当收纳盒的牙刷杯来收纳。

洗漱品的收纳

护理类：一次性床单、卫生巾、卫生纸、口罩、药物等。

由于这类物品都比较小且轻薄，所以一般直接分区放到网兜里面，方便查看与拿取。

护理类物品的收纳

化妆类：护肤品、卸妆水、卸妆棉、彩妆工具、洗面奶、面膜、防晒霜等。

带的化妆品少时，直接放到小网兜里即可；化妆品多时，还是建议专门拿一个化妆包存放。

当护肤品瓶身太大时，可以选择用小瓶分瓶装够出行天数所需要的量，这样可以节省很多空间，同时也不易碰碎。在购买化妆品时商家都会送一些样品，经常出差的人可以留存，用于出差时携带。

护肤品小分装瓶　　　　　　　　化妆品小样

还有一点值得注意的是：装化妆品的化妆包一定要是软质的，不能太大也不能太小，把所有的化妆品全部放到里面，然后装到行李箱中。

如果没有足够的大件物品把行李箱底部填满，那就需要把化妆品放到万向轮那个位置，以免提起来太重滑落下去而摔坏。

4. 电子设备类

数码产品：iPad、笔记本电脑、相机及其配件等。

数据用品类：充电头、充电线、充电宝、转换头、读卡器、U盘等。

大型数码产品建议单独装起来，手提过去，因为在不断地提上、提下的行李箱中很容易摔坏。

数据线和插头要分离，用一次性
胶圈把线捆在一起。

小型数据产品可以单独拿一个小袋子
装好，放到行李箱凹槽位置。

5. 证件类

身份证、港澳台通行证、护照、驾照、银行卡等。

证件最好专门放到随身的手提包里面，方便在需要时及时拿出
来。如果是非常重要又不能外露的证件，可以放在行李箱里，并锁好
密码锁。

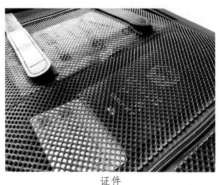

证件

懂这几招收纳法，使行李箱变成整齐有序 ◎ 的百宝箱

知道收纳的方法，但是没有配合对应的原则使用，那还不算是好的整理。

出行的整理跟衣橱的收纳有着完全不同的空间区域，在这小小的空间中应当注意哪些事项，才能最大化利用空间呢？我们需要注意以下8点。

1. 先确定存放区域，再确定收纳的前后顺序

行李箱的储物空间大致分为：拉杆凹槽区、平整盖面区和网兜区。

拉杆凹槽区：存放日用品类、鞋。

平整盖面区：一般只收纳衣物类。

两边的网兜一般会分成 4~6 个区域，存放衣物那边一般存放配饰和证件类。

而拉杆网兜那一面一般存放面膜、药物、一次性卫生用具和数码用品类。

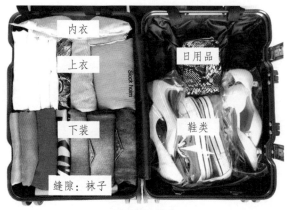

行李箱的储物

收纳时先存放数量最多、面积最大的物品，通常都是先整理平整盖面区，再整理拉杆凹槽区，最后整理网兜区。

平整盖面区　　　　　　拉杆凹槽区　　　　　　　网兜区

2. 衣物收纳必须保证平整并采用直立法

根据行李箱的高度和宽度调整衣物折叠的宽度和高度，从而充分利用上层空间

3.注意重物压底原则，保证易变形物品不被压

这个环节非常重要，在收纳时，像化妆品这类比较重且坚硬不怕压的物品一定要放在万向轮那一面，这样可以保证在使用行李箱时，即使上面的物品往下压也不会导致最底下的物品变形或损坏。

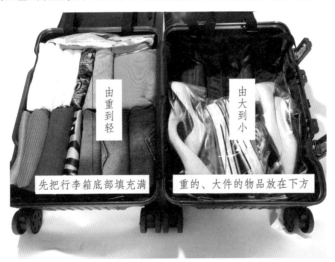

由重到轻

由大到小

先把行李箱底部填充满

重的、大件的物品放在下方

相反，对于比较轻且怕压、易变形的物品一定要放在拉杆把手位置，因为行李箱在拉着走时，在重力作用下，那些怕压的物品不会受到上层重物的压力而变形。比如，内衣，放在拉杆手柄的位置才不会变形。

4.充分利用凹槽区域，并考虑目视管理，方便寻找

好的整理不仅仅放得进去、装得多而且还要容易寻找和拿取。平整盖面区几乎不会造成空间浪费，所以只需要考虑调整好要放的物品的高度符合行李箱高度即可。

对于拉杆凹槽区如何做到既充分利用空间又方便拿取呢？

大致方法如下：

（1）用那些细小的物品（证件、书本、数据线、饰品盒、一次性床单）将凹槽区域进行填充，然后再把其他高度相符的物品放在上面。

（2）如果物品的高度参差不齐，可以选择把高的放到凹槽的区域，矮的放到凸出的区域，这样高矮互补，从而达到整体物品存放的高度大致是相符的。

（3）先把大件的物品存放进去，然后再见缝插针地填充空隙，以达到行李箱平面的整体平整。

总之在使用这种方法时，高度重叠的物品尽量不要超过两种，这样就可以保证我们不会花费太多的时间去寻找。当然最方便的还是同一高度只放一种物品，这样一目了然。

5. 存放顺序从行李箱的底部万向轮到拉杆手柄的位置

装物品一定是从下往上（万向轮到拉杆手柄），同一层存放两类物品时就从内往外存放。空的地方一定是留在拉杆手柄的位置，因为在行李箱收纳时我们要考虑到拖着行走时重力对物品的影响，所以底部一定要填充满，从下面开始放，把重的、厚的、多的物品放在下面。

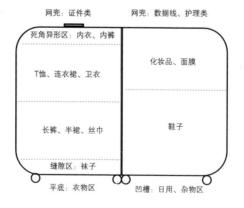

6. 大件的和使用频率很高的物品随身携带

大件物品太占空间，如果行李箱不够大，要么随身携带，要么放弃携带。而在旅途中使用频率高的物品不要放在箱子内，因为中途将物品从行李箱翻出来是一件非常麻烦的事情。同时不要把雨伞放到行李箱内部，因为过安检时需要拿出来检查。

7. 内衣、内裤需要装进密封袋

内衣、内裤是非常贴身的衣物，需要注意卫生防护，由于行李箱空间小，透气性也不强，所以建议添置密封袋密封存放在箱子内，安全卫生又省空间。

8. 行李箱出行前不易装得太满，以免返程无法添置物品

出行时行李箱并不是装得越满越好，太满了会让我们回程时有很大的负担。因此建议在出行时行李箱不超过八分满，除非你准备回程时不购买任何物品。

下面分享一些选择行李箱的技巧：

行李箱的选择技巧

20寸	20寸拉杆箱指的是拉杆箱的长、宽、高之和不大于115cm，这样是可以带进飞机舱的。20寸拉杆箱最常见的尺寸设计是高51cm×长34cm×宽24cm，这样的拉杆箱小巧玲珑，是许多年轻消费者的首选，因为他们通常带的行李不是很多，都是一些简单的生活用品，所以这种尺寸的拉杆箱再合适不过了，既可以显示出他们简约时尚的风貌，又经济实用
24寸	24寸拉杆箱指的是拉杆箱的长、宽、高之和不大于135cm。24寸拉杆箱最常见的尺寸设计是高61cm×长42cm×宽26cm，是使用得最多的拉杆箱，它的体积适中，可以盛放的物品适量，也是最适合大众使用的拉杆箱，可以满足出行的基本要求

28寸	28寸拉杆箱指的是拉杆箱的长、宽、高之和不大于158cm。28寸拉杆箱最常见的尺寸设计是高72cm×长40cm×宽30cm，是比较大容量的拉杆箱，适合于常年奔波业务的人员使用，可以放下许多生活和工作用品
32寸	32寸拉杆箱指的是拉杆箱的长、宽、高之和不大于195cm。32寸拉杆箱没有太常见的尺寸，大多都需要特别定做，这也是拉杆箱的最大尺寸。32寸拉杆箱最适合远途旅行或自驾游的人群

　　一款美观又实用的旅行箱绝对可以为你的旅行加分不少。当在选购旅行箱时，首先应该考虑的是旅行箱的材质，因为它决定了旅行箱的外观及实用性。目前市场上较普遍的旅行箱主要有硬壳箱、软箱硬壳箱、软箱。其中每一类都有不同的代表性材质，材质的优缺点如下：

不同材质的行李箱及其优缺点

材质		优点	缺点
硬质旅行箱	PP材质	能承受高强度冲撞、耐腐蚀、不易磨损、清洗方便。在0℃以下的抗冲击性能要高于PC、ABS、铝镁合金等材质	价格比较高，性价比低
	ABS材质	轻盈、柔韧度高、硬度中等，能承受较大碰撞；方便清洁，用湿布、湿巾等擦拭即可；耐化学性好；设计多变	容易磨损、易被刮蹭，有损美观
	PC材质	抗压防撞，不易磨损；硬度相对较低，通常和ABS材质结合使用取长补短；性价比较高	价格较高
	铝镁合金材质	箱体硬度高、抗压性强，能有效保护箱内物品；耐腐蚀、耐磨损；外观大气美观，经久耐用，一般箱体都能用5年以上	箱体较重，价格昂贵

续表

	材质	优点	缺点
软质旅行箱	帆布材质	不易磨损，箱体轻盈，价格较便宜，款式设计多变	防水性差，抗压能力差，不能很好地保护箱内物品
	涤纶布	箱体轻盈，价格较便宜，款式设计多变	不防水，不耐压
	牛津布	不易磨损，箱体轻盈，价格较便宜	不防水，不耐压

第七章
信息整理篇

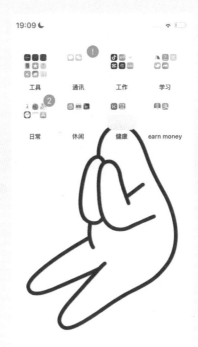

为什么你的手机越用越慢 ◎

很多人的手机越用越慢，这究竟是什么原因呢？

1. 内存太小支撑不了运行所需

手机运行的快慢与手机运行内存的大小有很大的关系，所以在选择手机时一定不要忽略内存这一因素。对于内存很小的手机，一定要养成良好的手机使用习惯，用完后及时清理内存，关闭自启动应用，删除残留垃圾，这样才能发挥手机的最大性能。

2. 不及时关闭软件导致后台自动运行

手机的后台可以运行程序，甚至有些软件只要开机就会自动运行。这些自动运行的程序有些是必需的，如微信，开机不运行就不能实时接收消息，但很多软件完全没有必要开启后台自动运行。

3. 在线游戏的缓存和垃圾文件太多

现在很多人都喜欢用小游戏在生活之余打发时间或是在工作之余减压，这些游戏的缓存很影响手机的运行。此外，在手机上看电视、看新闻、聊天等都会占用很多缓存，有些缓存是不会自动消失的，时间久了就会使手机越用越慢。

4. 下载太多程序

安装太多软件，会浪费大量内存。很多人在下载软件时从来不真正思考这个软件是否经常使用，即使只用一次后面再也不用了也不卸载，这会浪费大量的手机空间。

5. 硬件老旧导致内存兼容性不强

如果手机硬件不更新，系统和软件却在不断更新，而新的软件对新的硬件的兼容性更好，但对比较旧的硬件来说兼容性就会略差。

解决方法：

1. 选择适合自己的最大内存

尽量选择运行内存大一点的手机，建议大家一次性到位，比如64G 的内存对于照片和视频非常多的朋友是远远不够的，可能需要更大的。如果现在你的手机内存很小，可以单独更换内存，而且不会丢失以往的数据。

2. 正确退出不使用的软件，关闭后台自动运行的软件

通过按返回或 Home 键并不是关闭程序，这只是将其切换到后台，其实程序还在运行。若是苹果系统，则是双击 Home 键再往上划掉退出不用的程序；若是安卓机系统，则是点击屏幕底部的选择键或者双击某个键盘弹出每页没关的程序，按着向左右或上下划掉不需要的页面。

往上滑动

苹果手机：双
击Home键再往
上划掉退出不
用的程序

有些程序即使手动关闭了，还会残留一些进程继续占用内存，这时候就需要打开主菜单→设置→通用→后台 APP 刷新，在这里就可以看到当前打开的所有应用和后台服务，可以选择关闭不常用的 APP。

如果觉得手动比较麻烦，也可以选择安装第三方软件来一键清理，如百度卫士、腾讯手机管家等。很多第三方软件都有手机加速功能，点击后会将后台不用的程序关闭，释放更多内存。

对于那些你不知道的自启动软件就可以用第三方软件"关闭自启动项功能"，打开后会看到所有自启动的程序，将其关闭，下次开机时它们就不会自动运行了。

3.定期清理缓存

像社交、游戏、音乐、电影、视频软件比较多且常用的朋友，一定要用手机自带或下载的第三方管家定期清理缓存。每个微信群都有很多缓存的图片，这也是导致手机越用越慢的原因，这时候可以点击微信设置→通用→照片、视频、文件、通话将后面的"自动下载"关掉，也可以单独清理不需要的信息。

4. 控制 APP 的数量和及时删除未用的软件

手机的空间是有限的，所以要删除不需要、不常用的 APP，留下真正需要和常用的。可以采用下列方法：

（1）每次下载 APP 时确定是否在 1 个月内用 3 次及以上，否则看有没有替代的方法。

（2）每月定期清理一次 APP。

（3）下载新的 APP 时，要同时删掉一款不常用的。

（4）定期重启手机释放资源，每月至少 1 次。

软件就像衣服一样，这个时期你喜欢你觉得需要，然后买了，但是过段时间你发现我都好久没碰它了，如果手机上有很多这样超过 1 年都没用的软件，你会发现它不仅占用手机的内存，还影响我们寻找的效率。所以给自己定个规则吧！超过 1 年的软件全部删除，可以每年给自己定个时间定期清理删除未使用的软件。

5. 谨慎升级系统或软件

虽然升级系统会有一些新的功能，但是新系统所占的内存会比较大，而且升级后无法恢复到旧系统，经过几次升级，手机兼容性就会很差。所以不要随意更新升级，先检查自己的内存是否足够，再考虑是否升级。

如何在手机上快速找到想要找的信息 ◎

在这个信息泛滥的时代，身边的人、事物不停地更新迭代，由于不善于整理或忽视整理经常导致需要某个信息或某个资料时怎么也找不到，从而耗费大量时间和精力。

因为手机或微信通讯录都是按字母排序的，做好手机通讯录的前提就是将联系人进行大的分类，然后再命名。

对于联系人特别多且特别复杂的朋友，先将自己的联系人分成五大类：家人、工作伙

手机通讯录

伴、朋友、综合服务、临时联系人。

再分别在它们的名称前面各自用一个代号表示，比如 A 家人、B 工作伙伴、C 朋友、D 综合服务、E 临时联系人。在每类命名前面加上这个字母方便管理。

最后可以再做细分，比如，B 工作伙伴还可以划分为同事、客户、领导。

还有一种方法是按重要程度来区分：

A 类：重要常联系的人；

B 类：重要不常联系的人；

C 类：不重要常联系的人；

D 类：不重要不常联系的人。

我们只需要在原有通讯录上将联系人做一个适合自己的分类，方便查找即可。

当下手机的功能越来越完善和多样，从而替代了计算机的很多功能，比如，开始用手机存放或修改合同、记账、收发邮件、查阅参考资料等，但如果不及时整理，文件就会越来越多，最后导致手机无从使用，所以为了有效避免以上情况，要做好以下两点：

1. 及时处理信息

我们每天会收到许多信息，如果信息在阅读后无用，那就直接删除。但生活中我们不能保证每一条信息都能立马处理，所以建议固定一个时间浏览处理信息，只需要用 2 分钟就可以把无用的信息直接删除，每天用 2 分钟时间清理，可以避免后期花费大量的时间集中去筛选处理。待处理的资料、信息单独备注一类并标注查看截止日期。

2. 设定一个定期清理时间

除了及时处理信息外，还建议一个月清理一次，超过一年没用的文件、资料坚决舍弃。像邮件可以每日处理，但是对于使用频率并不高的软件或资料，如 APP、记账本等，就可以每月或每季度处理一次，根据自己的使用情况来制定适合的频率。

其实生活中无时无刻不需要整理，小到一条短信、邮件，大到我们的人生规划都需要整理。做好整理，相信我们的生活、工作效率都会提高很多，幸福感也会越来越强。

科学规划电脑文件结构 ◎

尽管现在电脑文件的搜索技术越来越先进，但是很多时候我们根本想不起所需文件的名称，所以对文件夹的合理分类规划仍然是电脑信息整理的基础工作。而信息管理的目的是更加方便和快捷地保存和提取文件。

1. 建立适合自己的文件夹结构

首先根据自己的工作内容把信息分好大类和下属的小类，如文档类、图片类、软件下载类，称为一级文件夹；其次根据工作内容和生活习惯细分为二级或三级文件夹，如文档类又可以按 2019 年、2020 年、2021 年这样的时间来细分，销售人员则可以按客户来分。

如果在一个文件夹里面考虑排序，也可以把每一个文件夹名称前面加上字母 A、B、C、D 或 1、2、3、4……自己给每一个字母或数字定义标签或重要程度，计算机会依次排列先后顺序，记得把最常用的排在前面。

2. 适度安排文件夹结构的级数

分类越细，寻找目标文件时花费的时间就越长，所以分类时建议整个结构最好控制在三个层级之内。例如，从"工作文档"中找到"客户档案"，再从"客户档案"中找到"XX 具体文件"；而不是从"工作文档"中找到"客户档案"，再从"客户档案"中找到"XX 年客户资料"，再从"XX 年客户资料"中找到……最后找到"XX 具体文件"，层级过多会浪费大量的时间。

3. 控制文件夹与文件的数目

这一原则与上一原则相互关联，因为级数越多，每一级的文件就越少；相反，如果级数越少，每一级的文件就会越多。一般来说，一个文件夹里的文件数量最好控制在 50 个以内；如果超出 100 个，浏览和打开的速度就会变慢，而且不方便查看。

4. 正确给文件夹命名以便于寻找

建议用"3W1X"命名法则，这样便于管理和搜索。3W 是指When（时间）、Work（事项）、Who（主体）。比如，"销售咨询话术"文件名就不好，应为"20201218 销售话术 – 服务部 –v2"，当然如果这类文件的主体单一，可以直接将事项和主体合在一起，如"20201218 服务部销售话术 –v2"，表示 2020 年 12 月 18 日服务部的销售话术第二版本。

除此之外，对于计算机桌面的文件整理，不建议把很多文件、图片资料保存在桌面（C 盘），若 C 盘占用太多会导致计算机运行越来越慢。因此，除了当下要用的和等待处理的文件暂存在桌面，其余的文件应全部归档到对应的文件夹里。

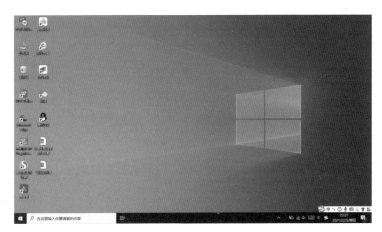

桌面暂时存放要用或等待处理的文件

此外，也可以采用四象限法则管理计算机桌面。具体的做法是：将桌面划分为四个象限，分别定义为"重要且需紧急处理的""重要但不需要紧急处理的""不重要但需紧急处理的""等待归类或需删除的"，这样分类就像记事本一样提醒我们一天所需做的事情，就不容易遗忘工作内容。

要想更加高效地使用计算机，需注意以下几点：

（1）第一次保存文件时把文件保存到正确的位置，且准确命名。

（2）给重要的文件做好备份，可以选择同步到网盘，每周或每月同步一次，也可以复制到其他移动硬盘里面，每月备份一次。

（3）每个星期或每个月整理一次文件夹，就像整理手机和家一样，删除不需要的文件，保证文件夹就像桌面一样整齐有序。

（4）文件尽量不要保存在 C 盘，采用四象限法则管理时，可采用下面的小技巧将存储位置进行修改：

打开计算机→在左侧工具栏里找到桌面→右击选择属性→选择位

置→点击移动→在弹出的窗口中把文件储存位置改到其他盘。

这样系统就会自动把桌面文件移动到其他盘了，而之后如果在桌面新建或修改文档，其他盘里面的文档也会自动修改。

最后，分享几款提高工作效率的办公神器：

（1）腾讯计算机桌面整理。可以实现一键整理，划分成我的文件夹、最佳文档、搜索栏等，而且还可以实现文档快速搜索。

（2）坚果云。如果经常异地办公，坚果云是最佳选择，它可以实现分享、上传、下载、单人同步、多人同步、增量同步，随时随地都可以办公。

（3）Clover 文件夹管理。Clover 可以使打开文件就像打开浏览器页面一样，每次打开的文件都可以被它整齐地管理并实现自由切换。

（4）Xmind。Xmind 软件除了可以构建思维导图的知识库外，还可以进行文档的管理，只需要把文档拖进去和 Xmind 编号进行整合即可。

（5）小黄条便签。若每天要做的事情太多，下载一个小黄条便签，在桌面添加便签条，把每天的事情按重要程度记录在上面，做完一件消除一件。

省时、省空间的APP分类布局整理术 ◎

　　很多朋友下载 APP 后，不管用不用永远不清理。我见过最多的一个人手机里有 1000 多个软件，超过 12 页，送外卖的有 4 款，社交的有 8 款，游戏的有 10 多款，也许是想好好利用时间还下载了上课、学习的很多软件，等到真正要用时需要花费大量时间从一大堆 APP 里选择，甚至找不到后就又点击重新下载才打开想要使用的 APP。

　　我们的时间、精力、空间都是有限的，所以那些超出我们时间、精力、空间承载量的，必定会给我们的生活造成很大的困扰，掌握以下三大步骤帮助我们轻松整理手机 APP。

1. 精简软件

　　不用的衣服就应该丢弃或捐赠，APP 也一样，否则它只会占用我们更多的时间、精力和空间。如果一个 APP 超过 1 年没使用就可以毫不留情地删掉。很多朋友认为以后可能会使用就留着，但是其实那一天几乎不会到来。对于付费的 APP 更是舍不得删，我们要知道后期的时间成本会大于曾经花费的钱。

2. 分类盘点

常见的分类是：通信、生活服务、信息、记录、学习、工作、工具、娱乐等。

各类APP的分类

通信	生活服务	记录	学习	工作	工具	娱乐
QQ	大众点评	抖音	在行	钉钉	手机卫士	王者荣耀
微信	美团	相册	得到	企业微信	清理大师	QQ音乐
短信	爱彼迎	快手	知乎	腾讯视频	闹钟	和平精英
邮箱	携程旅行	美图秀秀	网易公开课	百度网盘	计算器	欢乐斗地主
电话	春秋航空	西瓜视频	喜马拉雅	招聘	日历	开心消消乐
通讯录	京东	皮皮虾	作业帮	WPS	语音备忘录	网易云
Metal原脸书	淘宝	微视	流利说英语	脉脉	APP商店	腾讯视频
QQ同步助手	闲鱼	简拼	百词斩	领英	习惯清单	爱奇艺
腾讯手机管家	到位	印象笔记	句读	企查查	滴答清单	优酷

3. 分类

如果不想让系统自带的 APP 跟其他下载的 APP 混在一起，就可以单独把系统自带的分为一类。这种分类方法适合 APP 数量比较多、使用功能也比较丰富的朋友。

对于 APP 数量比较少的人，可以采用四象限法则：系统不常用工具、系统常用工具、下载不常用工具、下载常用工具。

分完大类后还可以再以页面或横向或纵向分类。比如，系统自带不可删除的分为常用和不常用的系统工具，然后下载后的分为通信类和不常用的网络类，再借助页面横向以及颜色分类。

分类的方式大致分为：

按使用频率分类—适合数量较少时。

按不同色相分类—适合大类里面的单页小类。

按简约常用分类—适合完美主义者。

按就近原则分类—适合以方便为主的人。

整理后的手机界面

当然，每个人的生活和习惯不同，一千个人就有一千种生活方式，所以整理时一定要根据自己的实际情况选择适合自己的方法。

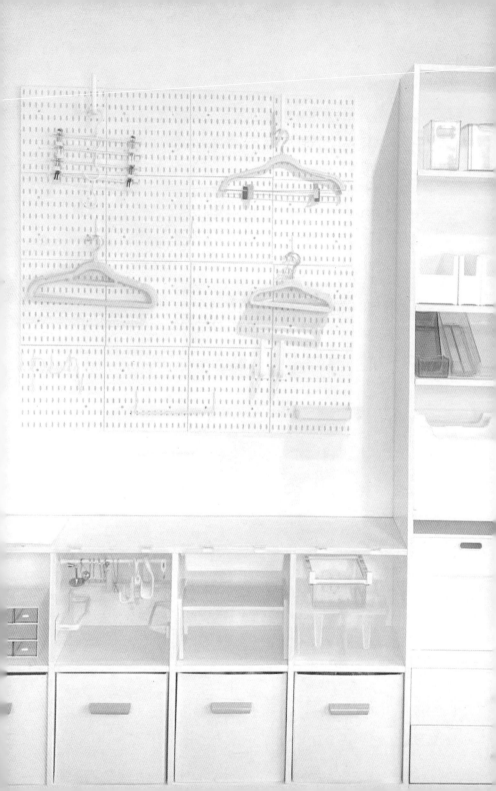

第八章
收纳工具的选择

如何选择衣架来提高挂衣率 ◎

最方便的衣柜收纳方法是悬挂收纳，这种方法不仅会让衣柜很整齐，也使衣柜的整理成功了一大半。

这时有可能会有人问：我的衣物都是挂起来的，为何仍然显得那么乱呢？

如果是这样的情况，很可能是因为你的衣柜里存在各种各样的衣架：如果衣柜的衣架超过 3 种，衣柜就会显得很杂乱，因为衣架的多样性会对视觉形成冲击，会对视觉形成干扰。另外不同衣架的厚度不同、高度不同，所以不同种类的衣架毫无分类地悬挂在一起就会显得非常杂乱。

所以为了更加美观、方便、省空间，应当统一衣架，那么该如何选择衣架呢？

铁艺衣架，如干洗店的铁丝衣架，特别细且不结实，一拽就会变形，所以用它悬挂的衣服容易变形，承重效果也不好。

铁艺衣架

另一种铁艺衣架是用塑料包裹在很细的铁丝外缘，长时间使用后外层塑料容易干裂，这时候里面的锈可能会染在衣服上。此外，其承重效果不好，防滑效果差（除了涂防滑层的），特别不适合悬挂厚重或挺阔的衣服。

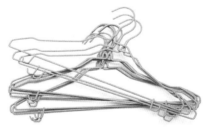

铁艺衣架（外缘用塑料包裹）

塑料衣架适合临时或一次性使用，悬挂重物时一不小心就会断裂，特别是时间久了塑料会变脆，更容易断裂。此外，悬挂夏天的衣服还特别容易滑落。

塑料衣架

很多家庭会选择木制衣架，因为其承重好，但问题是太厚，严重浪费挂衣区的空间，本来可以挂 3 件却只能挂 1 件。而且悬挂夏天的薄衣服还容易滑落。

木制衣架

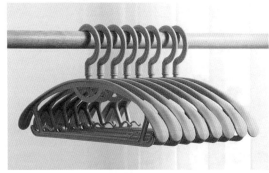

这款衣架的肩部比较宽，承重效果不错，但比较占空间。衣钩到衣架撑的距离特别长，所以挂衣区不高的衣柜选择这种衣架就会浪费大量的顶部空间，使挂衣区显得更矮。

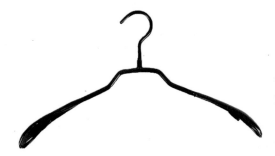

这款衣架的防滑效果很好，但是其肩部太宽，悬挂春、秋、夏季的衣服就会很浪费空间。

那么到底如何选择适合自己的衣架呢？一个好的收纳工具通常从质量、材质、颜色和设计四个方面考虑，对于衣架的选择也是如此。

质量

一定要选择环保材质，耐用耐磨。衣架一定要无异味，不刺鼻。

材质

衣柜外使用的衣架可以选择不锈钢材质的，但是衣柜内使用的尽量选择防滑效果好并且承重效果好的，目前防滑效果和承重效果都比较好的衣架有很多，如植绒、浸塑、泡沫衣架。

植绒衣架　　　　　　浸塑衣架　　　　　　泡沫衣架

颜色

衣架的颜色建议选择米色、灰色两种。不要选择太鲜艳或者太深的颜色，太鲜艳的颜色会让衣柜的视觉效果变差，太深的衣架若落上灰会显得很脏。

设计

（1）想要挂得多就一定要选择超薄的衣架，还需要兼顾承重效果。而且超薄的衣架在不使用时存放起来也不会占用太多空间。

（2）衣架两端一定要有弧形，不是直角。

（3）挂钩最好是可以360°旋转的。

（4）挂钩要细，不多占用悬挂的宽度。

（5）衣架两端的高度不能低于5cm，减少起包概率。

（6）衣架的厚度最好在0.5cm左右，最厚不能超过1cm。

　　综上，浸塑、植绒衣架都是很好的选择。如果选择木制的，可以选择宽度为 1cm、两端有弧度且有防滑条的木制衣架，比前面介绍的木制衣架强得多。

植绒衣架

如何选择收纳箱 ◎

应用最广泛的收纳工具非收纳箱莫属。收纳箱属于入门级的基础收纳神器，但是很多人购买收纳箱后却发现不适合自己的家或不适合想放的区域。这时候新添置的收纳工具不仅没有解决空间问题，反而加重了收纳的负担。

不盲目入手收纳工具的核心就是在购买前做好规划。

1. 要了解存放区域

柜子内使用的收纳工具和柜体外使用的收纳工具是不一样的，衣橱的柜子和厨房的柜子使用的工具也是不一样的，首先要明确存放的区域，比如，衣橱内存放的是衣物，需要选择有弹性空间的材料；厨房柜体内需要的是承重效果好且容易清理的工具。

2. 了解收纳的空间

了解家里目前有多少个柜子，哪些柜子需要添置收纳箱，尺寸多少，需要添置多少个。并且所要添置的所有区域，如厨房、衣橱、阳台等都需要测量好尺寸。

3. 对所需要整理的区域进行大致的分类判断

了解物品的数量、体积、形状，因为物品的数量和形状决定了所需空间的大小，之后再去选择收纳工具比盲目地添置收纳工具要少走很多弯路。

4. 选择适合的收纳工具

一定要根据之前测量好的尺寸以及物品的数量、形状核算所需添置的数量和种类。

来看下衣橱的收纳箱选择。首先是抽屉收纳箱，很多朋友喜欢在挂衣区下面添置一排排抽屉收纳箱，把衣服叠得整整齐齐地放在里面，这样虽然很整齐，但是会花费大量的时间，其实完全没必要。

抽屉收纳箱

那什么情况下需要添置抽屉收纳箱呢？就是当小物件特别多时，抽屉又不够用时适合添置抽屉收纳箱，但是这类抽屉收纳箱一定要选择环保材质，且颜色一定要透明方便查看，尺寸要符合柜体的尺寸，如此才不会造成空间浪费。

顶层区通常都是存放过季的衣物，这类衣物数量庞大，非常占用空间。所以收纳箱除了要符合尺寸要求外，一定要选择透气性强、弹性空间强、方便压缩、部分透明化、定性效果好且方便拿取的收纳箱。

因此，建议不要选择塑料的，因为很多塑料收纳箱都是上大下小，实际上浪费了很多空间。从材质上看，非织造布是不错的选择，透气性强、弹性空间大，并且可透视化管理，同时里面采用钢架结构支撑不易变形，但可有效收纳更多的衣物且拿取方便，是过季收纳箱的最佳选择。由于非织造布不易清洗，建议选择深色系的，钢架结构尽量选择 304 不锈钢，因为 304 不锈钢使用寿命长、不易生锈且容易清理。

非织造布收纳箱

在叠衣区添置收纳箱时，如果是用来收纳衣物，建议选择非织造布带盖的抽屉收纳盒。

非织造布带盖的抽屉收纳盒

　　除了深度较深的衣橱外，剩下的柜体无非就是厨房柜体、电视柜等深度比较浅的柜体，对于这类柜体应尽量选择以下几类收纳工具。

无盖的盒子

　　抽屉收纳盒特别适合多种储物柜，如电视柜、餐边柜、橱柜，可以根据对应的柜体尺寸选择大小适合的收纳箱。

　　当然如果存放的物品比较高，就可以选择无盖的盒子以充分利用上层空间，或选择成本较低的收纳篮。

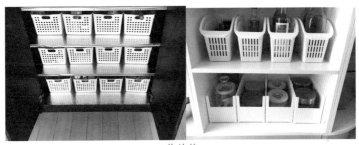

收纳篮

　　对于比较高的位置，拿取时不是特别方便，就可以选择带手柄的收纳盒，特别是高频使用的厨房，因为空间的不足很多人会把物品存放到吊柜，而吊柜的高度较高，拿取物品时相对费力些，此时选择带手柄的收纳箱就能很好地解决这个问题。

带手柄的收纳盒

　　而对于深度 ≥ 50cm 的柜体，最好选择大尺寸的抽屉收纳箱或者超大型号的收纳盒，还可以安装滑轮，方便移动拿取。

　　一般都是根据物品的大小、形状选择收纳箱。对于细小且品种多的物品可以选择抽屉收纳箱，而体积比较大的物品就可以选择超大型号的移动收纳箱。

超大型号的移动收纳箱

　　没有完全正确的，只有最适合的收纳方案。所以收纳工具的利用也没有对错之分，只有选择适合自己的，才能高效利用，真正实现收纳的效果，才算得上是真正合格的整理，否则就是为了整理而整理。

采用哪种工具可以充分利用上层空间 ◎

对于空间或柜体设计不科学的地方，添置怎样的工具才能充分利用上层空间呢？首先我们需要了解是在什么区域，因为区域不同，适合的收纳工具也不同。

常见的柜体外的收纳工具无非就是一些带储物功能的家具，除此之外，窄柜是一个不仅可以完成装饰，还可以容纳大量物品的工具。

对于家具、家电旁边的角落或者窄缝，最好的利用办法就是添置跟它尺寸相符的移动收纳箱，称为窄柜。

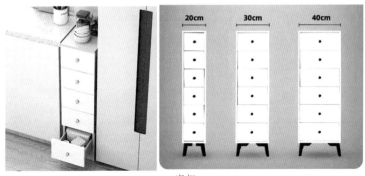

窄柜

　　窄柜一定要选择密封性的，最好是多层不同层高的抽屉，这样可以满足不同物品存放的尺寸需求。如果考虑查看方便则可选择透明材质的，如果是想要看起来整齐有序则可尽量选择密封的柜体，无论里面怎么乱，也不会影响外观整齐度。最后一定要选择下面有万向轮的窄柜，这样方便移动。

带万向轮的窄柜

　　对于衣柜内特别高的区域如何充分利用空间呢？其实选择还是挺多的，如伸缩隔板，这种方法比较方便且完全可自由调整，并且尺寸可发挥到极致。只是在承重效果上有一些缺陷，所以在选择伸缩隔板时，最好选择质量好一点的。伸缩隔板除了可以用于衣柜内，还可用于鞋柜、吊柜、地柜等。

伸缩隔板

　　希望承重效果更好，分区、分层效果更佳的收纳工具是衣柜收纳
分层板。

衣柜收纳分层板

衣柜收纳分层板可以自由叠加到你想要的层数,而且在拿取时只需要推拉即可,并且尺寸大小可选择。

接着就是伸缩杆,这是一个非常灵活的收纳工具,不仅可以用于镜面柜,还可以用于厨房。不仅可以横向伸缩用于横向分割层高,还可以纵向伸缩分割较宽的柜体,特别适合将扁平的物品直立起来,充分利用上层空间。

①-⑦伸缩杆的不同用途

①

②

③   ④

⑤   ⑥   ⑦

追求美观的朋友也可以选择分隔板，适合吊柜这种存放物品种类比较多的柜体。

鞋柜经常会出现没抽屉安放鞋油、鞋垫、鞋刷等情况，其实也可以运用伸缩杆再加上挂钩把这些物品统统悬挂起来收纳。

还有一个神器是分层置物架，其材质比较多样，有亚克力的、铁质的等，承重效果特别好，它可以直接把层高较高的区域分割成两层，从而充分利用上层空间，属于单件收纳物品的收纳神器。

对于水槽这种异形的区域可以选择有脚支撑的水槽伸缩置物架，然后再配合收纳篮收纳，如此既可以将空间有效分区又能充分利用上层空间。

水槽的收纳工具还是比较多样的，可以选择一些金属组合收纳柜，或者旋转收纳柜，可以根据个人所需去添置。

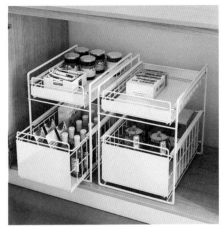

金属组合收纳柜

另外像很多柜门的门板或者墙壁可以选择壁挂式的收纳工具或挂钩，从而充分利用墙上或门板空间，让收纳更加多元化、方便化和极致化。

壁挂式收纳工具

　　厨房不建议将太多物品挂到墙面上，因为这样会黏附很多油烟，其他区域或柜门则非常适合壁挂式收纳。

①~④：壁挂式收纳常见的应用场景

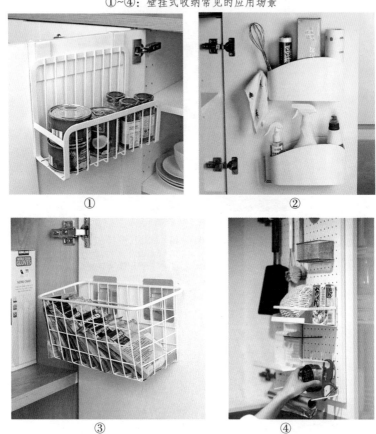

使抽屉井然有序的收纳神器

　　抽屉在整理中发挥着举足轻重的作用，运用非常广泛，如电视柜、茶几柜、入户柜、边角柜、厨柜、衣橱等都有抽屉。但多数情况是打开抽屉时里面的东西杂乱无章，大大小小的物品把抽屉塞得满满当当，使用时需要花费很多时间去寻找。这篇给大家介绍很多好用的抽屉收纳工具，帮助我们把抽屉内部收纳得整整齐齐。

　　在选择抽屉收纳工具时，需要知道抽屉的尺寸和类型以及存放的物品。

　　抽屉可简单地分为两大类：深抽屉（≥ 20cm）、浅抽屉（< 20cm）。

　　对于比较深的抽屉一般用于存放稍微大件的东西。深抽屉一般选择抽屉收纳盒、分隔板或伸缩杆进行分区。如果物品比较宽但高度很矮，就需要把它直立起来以充分利用上层空间。

分隔板适合的物品种类不多，适合数量多、形状偏大且不需要直立起来收纳的物品。

抽屉收纳盒可收纳的物品种类多，适合物品直立起来收纳，直立收纳对盒子的高度有要求，而且体积不能太大，否则容易倾斜。

伸缩杆主要起到让物品直立起来的支撑作用，适合扁平物品的收纳。

　　对于比较浅的抽屉，可以添置高度适合的抽屉收纳盒。如果考虑成本的问题，可以选择添置成品抽屉收纳盒或者自制一些收纳盒，这个在后面会给大家分享。

第一种：组合式抽屉收纳盒

根据抽屉的尺寸以及物品的种类选择合适的尺寸组合，在组合时一定要尽量不留空隙，而且还要能满足存放不同种类数量的物品。一般建议选择组合收纳盒时，长的、短的、大的、小的都选一些。

收纳盒的材质有很多，如非织造布、亚克力、PP塑料等，颜色也有很多，如透明、纯白等，可以根据自己的情况选择材质和颜色。但是抽屉内的材质尽量不要选择非织造布的，因为这种材质的固定性不强，容易变形，而且不易打理。

第二种：隔断式抽屉收纳盒

通常这种收纳盒长度都是固定的，只是宽度不同。选择这种收纳盒时只需要调整宽窄度，横竖自由拼接即可。

隔断式收纳盒的优点是可以自由调整宽窄度。很多时候在整理前人们并不知道自己有哪些物品，如果选择隔断式收纳工具，可以等分类完毕再根据每类物品的数量，在内部自由调整适合存放的尺寸。所以，隔断式收纳盒灵活性特别强，可以满足不同人群、不同类型物品以及不同时间的收纳需求。

当然，这种收纳盒的弊端是无法自由调整宽度。除此以外我们还可以选择灵活性更好的收纳工具，比如：抽屉分割自由组合神器。

抽屉分隔自由组合神器

它和传统的分割插条不一样的是由底座加大隔板和小隔板组成，底座对隔板起到固定的作用，而且可以根据自己的需求自由调整长度和宽度，以满足不同种类的物品的收纳。它的缺点是隔板都是固定的尺寸，不一定完全符合每个家庭不同抽屉的尺寸。如果能够刚好碰到你需要的尺寸和商家做的尺寸差不多的那就最好了。

对于要求高的收纳者，建议选择定制的抽屉收纳盒。现在很多材质的收纳盒都是可以定制的，用于存放不同的物品。定制前，将抽屉尺寸测量好，提前想好要存放哪些物品，这些物品存放的区域是怎样划分的，然后用卷尺将物品测量好并画下来给商家，这时候商家就知道如何制作了。这就像定制衣柜一样，确定好物品的尺寸再去设计更有助于后期的收纳。

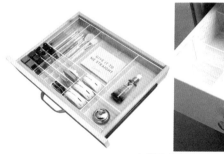

定制的抽屉收纳盒

对于首饰盒和厨房的抽屉，由于这两个区域比较特殊，需要慎重考虑。设计首饰收纳抽屉时，因为金、银等物品要防止刮花，所以尽量选择绒布等柔软的收纳盒。

首饰在抽屉中的收纳

　　厨房抽屉收纳工具材质的选择呈现多样性，很多刀、叉、勺等进餐用具或烹饪用的汤勺、铲子等工具，多属于金属类用具，易产生刮痕，适合选择竹子收纳盒。它最大的好处是绿色环保、防烫耐用，但其缺点是容易发霉。

竹子收纳盒

　　塑料和金属收纳盒也是不错的选择。塑料容易打理，但缺点是不适合存放金属，因为金属容易刮花塑料，而且有油烟时不易清理，需要慎重选择。

金属收纳盒

塑料收纳盒

对于厨房抽屉，我个人特别喜欢金属的抽屉收纳盒，因为它耐用耐磨，使用寿命长，存放起来也特别有质感。

　　总之，生活时刻需要发挥创意，很多时候不一定要使用常规的，很多创意的收纳也能让我们的空间变大而且赏心悦目。

　　当然最关键的是：整理不是为了添加工具，而是为了生活更加方便，所以千万不要把整理复杂化。

第九章
家居环境维持四步法

家居凌乱的真正原因 ◎

很多人整理的烦恼是"总是整理不完"或"无法维持整洁"，其实真正的原因是没有明白家里凌乱的真正原因是什么，从而也无法运用正确的收纳方法。

在了解凌乱的原因之前，首先需要了解整理中的关系：空间是由人、环境、物品三者组成的。整个家的储物空间称为环境，而人在环境中使用物品。

那三者与家居凌乱有什么关系呢？

假如家的布局不合理，柜体设计或摆放不合理，家肯定非常容易凌乱。

假如居住的人不懂收纳，采用一些不正确的收纳方法，同样会导致凌乱。

如家中的布局设计合理、收纳方法也对，但是生活习惯不够好，每次用完之后不归位，家里同样很容易复乱，这就是人的原因。

人、环境、物品就像等边三角形的三个角，如果任意一边倾斜，让等边三角形变成等腰或不规则三角形，这时家就容易复乱。

人、物品、环境三者之间的平衡关系

当然在这三者中每个都会存在很多问题，每个家庭、每个人存在的问题都是不一样的，如没时间整理、没空间收纳，或者不想整理，甚至不会舍弃东西或者不喜欢自己的家等。

环境

（1）没有充分利用空间。

这种情况的解决办法是添置适合的工具或者采用正确的收纳方法以便充分利用空间。

（2）空间动线布局不合理。

如某个柜子本应放在靠墙或靠窗的位置，结果放在了进门的正中央，使用肯定会不方便，从而让家变得凌乱不堪。此时就需要结合自己的生活习惯以及空间的情况进行适当调整。

（3）柜体的设计不科学。

中国大多数家庭都存在这样的问题，一般的解决办法是通过改造或者添置工具来弥补，我们可以根据自己的实际情况选择适合的方法。

（4）储物空间偏少。

如果家里很多东西都堆积在外面，柜子又很少，那说明柜体的空间满足不了你的家庭使用，这时最好的办法是合理添置柜体。如果不想添置储物柜，则需要减少物品数量。

物品

（1）物品的数量超过空间的容量。

这个问题在喜欢买买买又从来不丢弃的家庭中普遍存在，最好的解决办法就是丢弃。我们要明白每一个空间都是有固定容量的，如果物品的数量超过了空间容量，无论如何都很难整理好。

（2）物品没有固定的位置。

若养成随处乱放的习惯，必然每个物品都没有固定的位置，而如果物品都没有固定的位置那必然会随处乱放，这本身就是一个恶性循环。因此，要想改掉随处乱放的习惯，就需要固定每个物品的位置。

（3）喜欢买功能单一的物品。

比如，可以买一个榨汁绞肉切片一体机，而不用买三个单一功能的机器。其实有些东西的使用频率并不是很高，更没必要一个机器一个功能，如果一个机器能够有多个功能那是最好的。

（4）重复物品偏多，且未集中分类。

很多家里乱的人都会翻出好几件一模一样的物品，为什么呢？其实就是因为缺乏整理，不知道家里有哪些东西，当找不到时又去买，买回来又会陷入下次更找不到的死循环。通常有这种情况的人都会伴有同类物品不集中存放的问题。此时一定要与前面固定物品的位置相联系，把同类的物品集中放在一起。

人

（1）没有掌握正确的收纳方法。

当使用的收纳方法并不方便寻找或拿取物品时，就说明收纳方法不对，尝试换新的适合你的收纳方法。

（2）没有科学选择收纳工具。

如果收纳工具没有选对，肯定容易造成凌乱和复乱。成千上万种收纳工具并不是每一款都是科学的或者适合每个人的。

（3）喜欢买买买又不扔。

什么都不愿意扔弃，即使筛选了一整天，也才挑选出两三个要丢弃的物品。请记住，大多数你认为"还用得到"的物品一般后来都不会用，你需要做的就是留下怎么也舍不得丢弃的心爱之物，并且在购买前先想好放到哪里以及需要处理哪些旧物品。

（4）没有定期整理维护。

没有定期整理维护的原因一方面是觉得整理不整理都一样，反正也没人来家里参观，只有邀请朋友来家里时才强迫自己打扫整理；另一方面是总认为自己没时间打扫整理。解决的方法：请每天给自己5分钟的时间来整理，养成定期整理的习惯。

（5）没有归位的好习惯。

好习惯是可以传染的，坏习惯也是。第一步可以尝试从整理自己的随身物品开始，感受整理带来的愉悦后便更有动力着手下一个区域的整理。

（6）不喜欢自己的家。

有些朋友会觉得整理不整理都一样，反正自己又不在乎。与其说他不喜欢自己的家倒不如说不知道自己到底想要怎样的生活。当我们明确自己想要怎样的生活时就会有饱满的激情去生活，生活就会放出光彩，所以，请好好思考自己到底想要怎样的生活。也可以尝试将家里的物品都换成你最喜欢、最心动的，这种吸引力也会让你越来越喜欢现在清爽整洁的家，自然而然会更加注重整理带来的高雅生活空间了。

培养随手整理的好习惯，永保家的整齐 ◎

永远不要低估一个小小的习惯，哪怕给一个东西套上袋子或把它移动一个位置，都会对我们的生活造成很大的影响。

但是跟整理不一样的是，在培养随手整理的好习惯前，首先需要对空间进行一个科学的规划，并且要采用正确的收纳方法。试想，如果现在的储物空间设计不科学，那么即使你养成归位的习惯，仍会发现柜体看起来还是那么容易复乱，一旦我们付出行动后获得的效果不是很好，这时就很容易放弃。对于整理来说，首先要空间布局合理，物品收纳方法正确，有了系统的存放布局后，我们只需要养成随手整理的好习惯即可。

1. 拒绝拖延，当日事当日毕

现实生活中很多人有整理的想法却没有整理的行动，心里一直想着"一会儿弄"，然后变成"明天再弄"再变成"一直都没弄"，最后家里凌乱不堪。针对这个问题务必要养成用完后立马收回原位的习惯，可以尝试从进门后换鞋、放钥匙开始，一点一点地击破。

2. 严格执行"物归原位"

没有人喜欢邋遢且毫无规律的生活，但家里每个人都有不同的生活习惯，因此家里极易变得杂乱。此时，应当共同协商达成一个维护家里整齐的协议，而且在要求他人遵守前，自己要以身作则。这需要做好以下几点：

（1）一家人需要达成一致的约定，一起参与维护整齐有序的家。

（2）尽量让大家自己整理自己的物品。

（3）如果是整理别人的物品，那一定要按照别人的生活习惯存放，并告诉他具体的存放位置。

（4）当有人没有及时归位时要有惩罚机制，哪怕是很小的拖地或做下一次整理都可以，不能用除了劳动以外的东西替代，如金钱或礼物。

（5）当天拿出来用的东西，用完后立刻放回原位，一个小动作就能避免打回原形，轻松维持整理之后的整洁环境。

3. 养成随时 5 分钟收纳的好习惯

我们只需要养成随时 5 分钟收纳的好习惯就可以把家整理好，把我们的生活整理好。比如选择起床后、吃完饭后、出门前、回家后、看电视时、广告时间、烧水时、睡前等任一空档时间，花 5 分钟，完全不费任何力气就能完成整理。

有人会质疑 5 分钟可以做什么呢？其实 5 分钟可以做很多事情，比如整理乱放的书籍资料，检查冰箱食物的保存期，将餐具收回餐柜，整理放在茶几上的物品，整理包里的收据发票，丢掉旧袜子等。

在我的客户中，有一位客户，我就是给她制订的每日 5 分钟整理方案，因为她的坚持，一个月后家里发生了惊奇的变化。具体实施起来就是将一大片区域细分成多个 5 分钟就可以完成整理的小区域，相当于把目标细分化，从而让自己找到整理的成就感！

整理前   整理后

  所以，千万不要小瞧 5 分钟的时间。如果每天花费 5 分钟，一个月就是 150 分钟，也就是 2.5 小时，一年是 30 小时，如果按照每天 8 个小时的工作时间算，折合下来差不多就是 4 个工作日！那一生呢？如果养成这样的好习惯，我们其实根本不需要花费时间每次重复整理。所以，为了不花费更多的时间，让我们从每天花 5 分钟整理开始，行动起来吧！

神奇的整理安排表 ◎

整理比较烦琐也比较辛苦，但又是不得不做的工作。对于没有经过专业培训的人来说，在整理前制作一个适合自己的整理安排表，有计划地行事会带来高效率的工作和生活。

可以把整理划分成以一天、一周、一月、半年、一年为周期，制订自己的整理行程表。当然两次整理的间隔时间越短，越能减轻每次整理的负担；而间隔时间较长的，一般适合时间不是特别宽裕的家庭。

对于初学者或者比较反感整理的人，建议先以一天"5分钟"为单位，整理当天用完的物品，整理当天的票据，买回来的物品马上放回固定的位置，这些行为让初学者不再反感整理。当慢慢习惯整理后，就可以在此基础上增加时间，每次增加5~10分钟即可，直到慢慢习惯整理，甚至是爱上整理。

一周：收拾来不及整理的物品

（1）收纳没整理完的衣物或者某个小区域，继续上次因为时间不够没完成的整理。

（2）确认食品、药品的保质期，免得吃了过期产品对身体造成不必要的伤害。

（3）清点日用品的库存量等。

这些大概会耗费 1 小时以上的时间，且是不得不做的事情，这样家里就很难出现某个地方特别乱或者某个食物已经过期了的情况，自己也不会浪费太多的钱购买家里已经有的物品，因为非常明确家中有哪些物品，需要什么时候添置。

一月：确认家中是否囤积了不需要的物品

（1）处理不穿的衣物或不要的日用品。

这是个必不可少的步骤，因为家中的空间是有限的，而居住在里面的人每天都会从外面携带或多或少的物品回来，以一个月为单位清理掉不需要的东西，为需要新添置的物品腾出更多空间。

（2）分类读完和未读完的书籍。

这会为后期书籍的整理提供很大的帮助。爱读书的你如果以月度为单位去重新审视你的书籍，那么后期几乎不需要花费很长时间整理书房。

半年：检查消费期限或更换过季衣物

（1）调整夏季与冬季衣物。

中国大多数城市有四季之分，少部分城市只有两季，而绝大多数家庭的柜体空间都是不够用的，所以一般半年更换一次过季的衣物。这个时间也是衣物透气换地的好时机，如果存放在箱子里面太久的话，不利于一些纯天然材质如羽绒、真丝等物品的保养。

（2）重新检视之前还没确定是否留存的物品。

家里东西太多，很多时候在留存取舍时总是不能当断则断，对于这类物品肯定不会跟常用的混在一起，通常会单独存放，这时可以把这类物品拿出来重新审视一下到底还用不用，这属于一个等待期。

（3）确认服务券（卡）或优惠券（卡）的消费期限。

　　很多人都喜欢领取一些优惠券（卡）或者服务券（卡），这种券（卡）的使用期限一般不超过半年，这类券（卡）的囤积会影响我们寻找其他重要票据。

　　（4）整理试用品，丢掉无用品。

　　很多时候在购买化妆品时商家总会送很多小样，应尽快把它们用完，因为小样的保质期一般比正品的保质期短，通常在半年内。因此，在半年内清理一次小样是最佳的选择。

一年：丢掉无用之物

　　（1）将衣物、日用品分为"要"与"不要"。

　　每年清理新增最多的物品：衣物和日用品。以年度为单位进行清理，不仅会让拿取更加方便，也有助于清楚自己有哪些东西，以免重复购买而浪费金钱。

　　（2）检查柜体内没用到的物品。

　　柜体里面超过一年未用的非重要物品都可以统统丢掉，腾出更多的空间存放常用的和未来使用的物品。

　　（3）检查毛巾、浴巾的使用状态。

　　毛巾、浴巾是直接与皮肤接触的，而且它们都特别容易滋生细菌，除了定期清洁，定期更换也是非常必要的，以免影响皮肤健康。对于皮肤非常敏感或毛巾使用频率特别高的人，一般建议三个月检查更换一次。

整理计划安排表

整理区域	舍弃类别	计划完成时间	满意度	收获感悟
梳妆台	过期的、不用的	1小时	★★★★	
餐边柜	过期的	1小时	★★★★	
橱柜	坏掉的、不用的	2小时	★★★	还需整理一次

续表

整理区域	舍弃类别	计划完成时间	满意度	收获感悟
书柜	不用的、坏掉的、过时的	2小时	★★	丢书很纠结，下次要比这次扔得更多
衣柜	穿不了的、过时的、坏掉的	8小时	★★★	有点难，但是相信坚持一定会收获整齐的衣橱，再给自己一点时间下次在XX时间内做好

对于有整理基础或者有足够时间整理的人，想要在短期内做好整理，制作一个 7 日整理计划表是非常重要的，这能让我们在遇到困难而无法坚持时有一个向前的动力。同时也是将大目标划分成小目标，逐步完成，找到成就感和价值感而为之去坚持的一个有效方法。

7日整理计划表

日期	整理区域	整理时间	完成满意度
第1天	入户柜、客厅	≤3小时	
第2天	生活阳台、休闲阳台	≤4小时	
第3天	卫生间、书房	≤6小时	
第4天	厨房、餐厅柜	≤6小时	
第5天	储物间	≤8小时	
第6天	次卧	≤8小时	
第7天	主卧	≤12小时	

温馨提示：
①以上是以某个客户作为案例填写的，个人可根据自己的实际情况选择整理区域的先后顺序，注意从易到难、从少到多即可。
②可能由于没有经过专业的培训，所以首次整理耗时会相对较长。

购物前需要考虑的问题 ◎

想要维持整齐有序的环境，就要避免过多地增加物品。在购物前我们要想清楚是否真的想要某个物品，不要一冲动买了不需要的物品，这样不仅浪费金钱，还占用了本身就很有限的空间。

所以购物前需要考虑以下六个问题：

1. 拒绝"反正不要钱"的思维

酒店免费的洗发剂、护发素和商场送的小礼品等，很多人因为免费而囤积了很多这样的物品，但是请多思考下这些东西带回家后是否有用且是否需要这么多。如果不是，请别把它们带回家。

2. 杜绝"打折"诱惑

购物前一定要以"是否真的需要"为购买标准，而不是被所谓的"打折"优惠蒙蔽了眼睛。不需要的东西一开始就不要带回家，无论它是多么便宜，这才是最正确的做法。我们要时刻谨记：只买现在真正需要的物品，不要看着打折或者促销就一味地囤积，这样只会让我们舒适的家变成杂乱不堪的仓库。

特别是像化妆品、保健品，若大量囤积，会发现很多都过期了还未使用。

3. 思考是否有类似或可以被替代的物品

喜欢冲动消费的人最容易发生的事情就是"怎么又买了差不多一样的物品呢？"有些人看到自己喜欢的物品就无法保持大脑的清醒而直接购买，但买后又后悔，那这时我们就应当好好反思自己了。

在日常整理维护时就应该统筹自己物品的数量和类型，在购买物品时一定要先思考一下家里是否有类似的物品，千万不要买相同或类似的物品，否则会增加整理的难度。

对于使用频率不是很高的产品，我们也可以考虑租赁或者借用，不要因为使用一两次就去购买，这些东西即使再昂贵好看，如果没有用放在家里也只是浪费。为了避免重复消费，请务必定期审视自己的所有物品。

4. 采购前先了解家里物品的库存

生活中我们常常出现感觉家里的纸巾用完了，但新买回来后发现在某个柜子里还有好多，这时候加上新买回来的，因为太多便没法统一放在一个地方，所以又分散存放，结果又陷入遗忘找不到的情况。因此，一般在购买生活日用品、食物这种消耗品之前一定要统计家里的库存，先确定是否需要添置，再根据可以容纳的量确定添置多少。

下面是一张购物清单，大家可以在购物前根据这个统计清单来添置物品。

购物清单

类别	物品名称	库存数量
生活用品	纸巾	
	清洁剂	
	洁厕剂	
	洗衣液	
	保鲜膜	
	沐浴露	
	洗发水	
	肥皂	
食品	食用油	
	醋	
	酱油	
	料酒	
	蚝油	
	豆瓣酱	
	盐	
	味精/鸡精	
	花椒	
	辣椒	
	胡椒	
	其他香料	
	干杂	
	冷冻食品	

5. 考虑好是否有足够的收纳空间

很多人在购买物品时毫不思索，买回去发现根本没地方放，于是就随手放在一个地方，等用时也记不清具体放在哪个地方了，从而出现找不到的情况。所以，在购买物品时一定要根据存放空间决定购买的数量。

6. 确定尺寸、款式是否真的喜欢且适合自己

总会有很多人觉得这个好漂亮很喜欢就把它带回家，可是却没有思考过适不适合自己。常见的现象就是女人买衣服，在商店看到一件衣服特别好看，于是就买下了，但是回去后发现无法进行合适地搭配，从而就一直把它晾在一旁没穿。因此，在购买物品时一定要思考其是否适合自己，如果不适合，即使买回来可能也不会使用。

当然，也会有人经不住购买欲望的诱惑，对于这类管不住自己的人，在此给出以下两点建议：

首先，想象自己断舍离的画面。不愿意扔东西肯定是因为觉得浪费或舍不得，那何不在购买物品时多想一下此时的场面呢？

其次，学会建立"等待期"。对于控制不了自己购买欲望的朋友，如果不是必要的物品，这时不妨给自己一个"等待期"，比如等待一天或等待一星期甚至一个月，我们可以根据物品的价值大小来设立期限。一般小的衣物或日用品建立一天的等待期即可，如果是比较大件的就可以延长等待期，如此会让你的购买行为更加理智，减少不必要的物品购买量。

总之，为了生活更加轻松，整理更加高效，一定要很好地控制物品的购买量。

第十章
新房收纳空间布局规划

装修前需要考虑哪些问题　　◎

装修时一个小小的细节就会影响整体家居的布局设计，装修前做好以下四点工作，就可以轻松避免装修后期出现由于空间设计不合理所带来的麻烦。

1. 确定使用人数及未来计划

首先确定几个人使用，夫妻二人适合的住宅面积约为 50m²，学龄前的孩子每人约为 10m²，小学至高中的孩子每人约为 15m²。如三代同堂也可用每人年龄相加再乘以 1.1 大致得出比较科学合理的使用面积。当然在设计初期一般建议考虑 5~10 年的居住人口变化，避免后期的大幅度改造和资源的浪费。

2. 描绘理想住宅的设置，并把它写下来

公共空间：客厅、餐厅、书房、厨房、阳台。

卫浴设施：浴室、卫生间。

私人空间：儿童房、卧室。

其他：玄关。

每个房间期望的面积是多少？然后再从杂志、网络等寻找符合自

己心意的图片，拼组成样板图，这不仅能帮助我们向装饰公司说明自己想要的装饰感觉，还能对自己的风格进行再次确认。

理想住宅的设置

划分	居室名称	使用人口	希望面积	风格
公共空间	客厅	全家XX人		
	餐厅			
	厨房			
	阳台			
	书房			
卫浴设施	浴室			
	卫生间			
其他	玄关			
私人空间	儿童房			
	卧室			

3. 统计存放物品的数量，确定所需柜体空间

规划空间时，柜体通常使用 10~15 年会进行一次整理更换，所以在规划空间、设计柜体时需要考虑 10~15 年居住时可能用到的收纳空间，一定要多预留柜体的储物空间，特别是衣柜、鞋柜、书柜、橱柜。因为一旦施工完成，未来再添置，整体的效果就可能被破坏。

不同柜体的空间规划

区域	5年以内所需面积	10~15年所需面积	灵活区预留面积
衣橱	4 m²/人	>4 m²/人	
橱柜	3 m²/人	>3 m²/人	
鞋柜	2 m²/人	>2 m²/人	
书柜	1 m²/人	>1 m²/人	

区域	5年以内所需面积	10~15年所需面积	灵活区预留面积
其他储物柜	2 m²/人	> 2 m²/人	

衣橱和厨房东西是最多的，所以衣橱和厨房的柜体空间所需也是最多的。储物间其实并不是每个家庭都需要，其他柜体足够多就可以。当然，在设计时一定要保留部分空间，以便在未来添置收纳柜，特别是儿童房和老人房。

比如，原本预留给小孩使用的卧室在幼儿阶段时可以充当游戏室，这时卧室就不需要填满柜体，因为等到孩子学龄期时可能会添置书桌或者其他物品。在这里值得注意的是：幼儿阶段卧室的柜体设计也可按照成人的柜体来设计，无非是多添置活动收纳抽屉以满足幼儿时期的需求。这样等到孩子长大后就无须单独再设计柜体，只需要把收纳抽屉撤掉，便适合成人使用了。

如果是老人的房间，像衣柜、书柜可做成活动家具，老人年龄太大时需要轮椅或聘请看护人员时，可以移开这些大件家具以方便老人活动或存放医护器具等。

4. 提前拟订预算计划及项目清单

先拟订出预算资金，再从预算资金里分别列出基装预算、硬装预算、软装预算、家电预算等各项具体预算。基装市场基本都是透明的，价格差距不大；硬装方面，如果是自己购买材料，建议多跑几家市场对比一下，选择适合自己的，如果时间不够，可根据预算找一家装修公司一起做整装；软装和家电的预算根据自身经济能力选购即可。当出现预算不够的情况时，建议从软装预算中削减成本，毕竟更换硬件麻烦，家电安全更重要。

预算清单

基装预算		硬装预算		软装预算		家电预算	
项目	价格（元）	项目	价格（元）	项目	价格（元）	项目	价格（元）
拆除		瓷砖		床		洗衣机	
砌筑回填		地板		沙发		冰箱	
贴砖找平		水管		餐桌椅		电视	
油漆工程		电线		各类柜体		油烟机灶具	
木工工程		隔墙		窗帘布艺		空调	
水电安装		吊顶		灯具		烤箱	
其他服务		涂料		花艺绿植		微波炉	
		洁具		摆件			
		厨具		装饰画			

　　收纳是既简单又系统的整理工作，体现了你的生活方式；而装修的空间布局和准备工作会对其造成很大的影响，所以，为了简化整理，不妨在装修前做好充分的准备。

柜体收纳科学的设计方法 ◎

哪里使用、哪里存放，这是物归其位这一思想的出发点，而"适当"就是收纳空间的大小正好能装下所有物品。瓶子太小，柜子太深，放进去不仅造成空间浪费还不容易寻找，所以在收纳时，了解物品的尺寸非常重要。如果柜子的尺寸与物品不符，就会过大或过小，导致存取困难。但如果真正做到量身定制，在收纳时会节省很大的空间。在这之前我们需要了解物品使用次数与柜体高度之间的关系。

衣柜

衣柜的收纳需要柜高和柜深相结合。柜体内的高度取决于收纳物品种类的高度，当柜体的高度足够高，空间就会变得很多。而柜子的深度与衣服悬挂起来所需要的空间有关，当柜子深度足够，就可以保证衣服不受局限。

通常门扇衣柜的深度为 55cm 或 60cm，定制衣柜的高度一般建议将 200cm 以上的区域设计成顶层区，用于收纳过季的衣物。家里衣柜的尺寸在使用者身高的平均值 /2+30cm 以内的区域属于黄金区，因此可设计成悬挂区来悬挂常穿衣物。

衣柜200cm以上设计成顶层区

挂衣区最高值≤使用者
黄金区：身高平均值 / 2+30cm

高30~35cm
深55~60cm

宽45~48cm

衣柜的设计

衣柜的收纳规划分为上、中、下三个区域，最上层 200 ～ 235cm
高的层板用来存放过季衣物；中层区域 180 ～ 195cm 属于悬挂区域，
用作悬挂衣物；最下层 90 ～ 100cm 用于存放贴身小物件。

厨房

对于要添置很多厨房家电的家庭，电气柜的设计涉及电器的大
小、使用习惯以及储存的数量。并且不可能经常移动存放的位置，
所以柜子和电器的高度都必须提前考虑。下面分享几个厨房设计的
重点：

（1）家电一定要设计存放在中低层 70 ～ 120cm 处，方便使用。

（2）常用的锅具最好放在灶台下面，根据锅具的大小设计每一层
的高度。

（3）与料理机等高的或不常用的家电可以存放在 165cm 以上的
区域，高的也便于拿取，不常用的也不会占用黄金区。

（4）120 ～ 165cm 这个区域可以存放常用的器具或粗粮。

（5）70cm 以下的区域可根据实际情况设计成抽屉。

（6）出于美观考虑，统一抽屉的高度，对于深度 ≥ 30cm 的抽屉可以考虑设计成子母抽（内抽）。

书柜

一般图书的高度在 25 ～ 28cm，绘本、文件、杂志要偏高一些，一般在 25 ～ 40cm，所以在设计书柜时需要考虑书籍的类型、尺寸以及使用频率。

摄影集、杂志等本身很有设计感，且通常查看的频率不是很高的书刊，则可作为收藏，存放到柜体的最顶部用于展示，它们所需的高度一般在 30 ～ 35cm。

一般图书或常看的书籍存放在 50 ～ 160cm 的高度，最高不能超过身高 +30cm 的高度，以方便我们拿取查看；这类书籍的高度一般在 25 ～ 30cm。

比较重的书本考虑放在 < 50cm 的底层，这样不会让柜体的承重变成负担，通常这类书籍的高度在 30 ～ 35cm。

孩子的绘本都在 50cm 高度以内存放，方便他们拿取查看，总之放在孩子够得着的地方。

有一点值得注意的是：千万不要均分高度，否则会造成很多空间的浪费，如果有时间的话在设计前把自己的书籍全部分类，确定每个类别书籍的最高尺寸。

卫浴

卫生间地柜的设计最好是抽屉加柜体，这样既可以满足不同大小物品所需的空间，同时对于小物件的分类、分区会更加明确，减少寻找物品的时间。

在设计镜面柜时不要完全均分设计，可用活动板高低错落地设计，高度最好是你存放物品高度＋（2～5）cm。

在设计时甚至可以做一些镶嵌式的设计，比如抽纸巾、面巾等使用频率比较高的物品可以采用镶嵌式，此方法特别适合要求比较高的收纳者。

下面罗列了家庭日常用品的标准规格，便于其他区域柜体在设计或添置成品柜体时参考选择：

家庭日常用品的规格

规格尺寸	物品
≤15cm	洗浴室的镜面收纳：存放两排护肤品
20cm	墙面隔板：存放浴巾、洗发水等日用品；装饰摆件，一般书籍
25cm	相册；A4文件夹和一般书籍
30cm	厨房收纳篮、抽屉收纳盒
35cm	餐具、烟酒、厨房用品、贴身衣物、鞋子、相册
40cm	折叠的衣物、挎包、背包
≥55cm	橱壁、衣橱（55～60cm）、储物间的柜子（≥80cm）

总之，在选择柜体尺寸、形状前先考虑清楚存放物品的黄金三点：

（1）确定柜体存放物品的种类。

不同种类的物品数量不尽相同，当确定同种类物品的数量后就可以知道存放它们所需的空间大小和具体尺寸。

（2）确定柜体存放物品的形状。

物品的形状决定尺寸，物品的尺寸决定对空间尺寸的需求。

（3）预估存放物品所需的空间。

如果不能确定同种类物品所需的空间，那就要学会判断，预估所需存放物品的收纳空间大小。

不同区域的收纳设计规则 ◎

在家里，最难收纳的就是衣服。你有没有过这种经历：总感觉自己的衣橱无论多大都不够用；叠了又不好找；挂起来感觉没挂多少件就满了，总之感觉自己的衣橱非常不能装！其实这是因为衣橱的结构布局不合理！衣橱主要分为三大区域：挂衣区、叠衣区、抽屉区，这三者最合理的比例是 6∶3∶1！

挂衣区：＞60%

叠衣区：10%～30%

抽屉区：＜10%

衣橱的合理布局

还有就是门板的选择，门板的选择影响使用效果和美观效果。一般建议户型比较大又注重美观性的可考虑选择平开门，平开门的衣橱门板款式选择性大，并且层次感和立体感比较强，是完美主义者的首选。

但是平开门对门板打开后有要求的小户型不太适合。另外，平开门值得注意的一点就是单扇门独立的空间不要设计成叠衣区，因为一般平开门一扇门的宽度在 40 ～ 45cm，除掉两边的侧板后实际净空是达不到我们后面建议的 45 ～ 48cm 的宽度，差不多在 38 ～ 42cm，所以，在存放衣物的时候就会导致放一叠放不进去，放两叠放不下的尴尬局面。单扇门的独立区域最好选择做成挂衣区，双扇门的区域设计一个符合我们尺寸的叠衣区。

单扇门的独立空间不要设计成叠衣区　单扇门的独立区域最好选择做成挂衣区

紧凑型的户型一般建议选择推拉门，推拉门对空间占用要求并不高，而且方便拿取。但是推拉门值得注意的是在两扇门交汇处千万不要设计叠衣区，这样会让叠衣区成为一个死角，还不方便拿取。最好的办法是把叠衣区设计在衣柜最两边，这样就可以顺畅自如地拿取衣物了。

两扇门交汇处不要设计叠衣区

挂衣区

挂衣区占比一定是总面积的 60% 以上；长短比例一般是在 1：3，需要根据主人的穿衣喜好决定具体长短比例，一般短款衣物 ≤ 90cm，中长款 ≥ 120cm，超长款 ≥ 150cm。如果你爱穿短裙、短裤，刚好又有 50cm 及以上的空间空着时，可以考虑做成挂杆悬挂短款下装区。挂衣区最高不能超过使用者高度 +30cm，否则使用者拿取不方便。

叠放区

主要分为顶层叠放区和底层叠放区。顶层区高度 ≥ 35cm，宽度 50cm，90cm 是最佳尺寸，无论直接放还是用收纳箱、真空袋都不会造成空间浪费。底层叠放区宽度控制在净空 45cm 是最佳尺寸，因为这个尺寸刚好可以放下两叠衣服，如果使用者属于非常肥胖的人，宽度要选择 48 ～ 50cm，叠放区层高控制在 30cm，这个尺寸放满也容易拿取，不容易坍塌，也不容易造成空间浪费。

抽屉区

在定制抽屉前要考虑清楚自己存放的是哪类小物件、数量是多少。一般建议抽屉的数量是你衣橱对应的延米数，比如 5 米的衣橱至少需要 5 个抽屉；抽屉最少的起数是 3 个，一个存放贴身衣物、一个存放袜子、一个存放配饰。抽屉分为 3 个尺寸：高 ≤ 10cm 的存放配饰，高 15cm 的存放内衣等贴身衣物或袜子，高 20cm 的存放一般衣物或厚围巾。当你弄清楚每种衣物所对应的尺寸，你就可以设计出一个真正适合自己衣橱的尺寸方案。

如果是儿童衣橱我们主要考虑折叠，建议把叠放区都改成活动板，选择的床最好都是带抽屉的，足够满足当下所需，如果仍然不够可以考虑添置成品收纳盒，放置在悬挂区下面，同时还能满足不同时期穿衣的变化需求，待孩子长大后把活动板拆除改成挂衣区方便拿取，节约找衣时间。

配件选择注意事项

（1）多宝阁不要选：这只会让本身不足的空间更加浪费，宽敞的空间只需要采用折叠方法就可以充分利用空间并分区明确。

（2）衣杆固定在衣柜侧板时，上面第一颗的螺丝离顶板 4cm 即可，如果衣柜本身就不是很高，那我们就需要充分利用每一寸空间，这里 4cm 的高度可以满足我们的需求。

顶板和挂杆距离4cm不会造成空间浪费

（3）化妆抽屉不建议设计在衣柜里：只会占用我们大量的空间，还不实用，不如设计在卫生间更方便。

（4）挂衣杆一定要选择金属、扁形、多孔、加厚的设计，承重效果会更好。

（5）法兰一定要选择带盖的，这样固定挂杆不易脱落。

法兰

（6）如果是小户型千万不要选择升降挂杆，这只会让本身就不够用的空间显得更加拥挤。

（7）不要在衣柜内设计护栏放鞋，这种形式只适合商店做陈列展示。

（8）拐角可以考虑承重收纳门以充分利用门后空间。

（9）对于配饰比较多的朋友要么设计一个配饰柜，要么设计一组收纳抽屉柜或在衣橱门板上悬挂首饰收纳绒布。

配饰抽屉柜　　　　　　　在衣橱门板上，利用绒布收纳配饰

（10）做拉篮不如直接换成抽屉，特别是拉篮的底层灰尘不易清理。

以下是我给大家附上的衣帽间设计尺寸参考表：

衣帽间各区域的尺寸设计

对应区域	参考尺寸
短款挂衣区	≈90cm（最高＜120cm）
中长款挂衣区	120～150cm
超长款挂衣区	＞150cm
挂杆高度	＜使用者身高+30cm
抽屉与地面的间距	＜125cm

续表

对应区域	参考尺寸
顶层叠衣区高度	≥35cm（最高＞50cm）
中层叠衣区宽度	50～90cm
低层叠衣区高度	≈30cm
底层叠衣区宽度	45～48cm（使用者偏胖则 48～50cm）
抽屉区的高度	15～20cm（首饰抽屉10cm即可）
抽屉的数量	≥3个（按1延米对应1个）
抽屉的宽度	45～70cm

接下来我再给大家解读几个衣橱的布局：

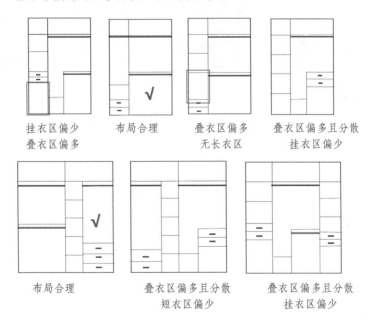

挂衣区偏少　　　　布局合理　　　　叠衣区偏多　　　叠衣区偏多且分散
叠衣区偏多　　　　　　　　　　　　无长衣区　　　　　挂衣区偏少

布局合理　　　　　叠衣区偏多且分散　　　叠衣区偏多且分散
　　　　　　　　　　短衣区偏少　　　　　　挂衣区偏少

鞋柜

设计师≠居住者，很多时候我们在做定制家居时，设计师总会告诉你：我都是按照国际标准或者国家标准尺寸给你设计的！殊不知每个人的骨骼不一，自然尺寸不一，所以真正的定制是要做到"量身定制"，即清楚自己的穿衣尺寸，自然就可以设计出真正适合你的柜体。通常鞋柜的标准尺寸是 35cm，其实这个尺寸对于女性或者鞋码小的人来说就容易造成空间浪费。如果家里人最大尺寸的鞋码是在 40 码以下，可以考虑将鞋柜做成深度为 32cm 的，若是 40 码及以上的话深度为 32 ～ 35cm。当然也可以把男女鞋柜分开设计成深度不同的尺寸，让空间利用最大化，下面是鞋码的对应尺寸表，再加 7 ～ 8cm 就是适合你的鞋柜的尺寸。

鞋码的对应尺寸表

尺码 （码）	34	35	36	37	38	39	40	41	42	43	44	45	46
尺寸 （cm）	22	22.5	23	23.5	24	24.5	25	25.5	26	26.5	27	27.5	28

各类鞋对应的高度

类型	长筒靴	中筒靴	低筒靴	高跟鞋	低跟鞋	运动鞋	拖鞋
高度	45cm	35cm	25cm	10~15cm	6~8cm	8~10cm	5cm

知道每种鞋子的高度，我们就知道如何设计鞋柜的高度了，不需要在鞋子上面空很多，只要我们能够拿取即可，一般同类鞋子当中最高的尺寸 +2cm 就是适合你这类鞋子存放的鞋柜高度，比如长筒靴，这类鞋最高的是 45cm，这个数据 +2cm，也就是 47cm 是适合的鞋柜高度。当然也可以直接先把鞋子分类，然后测量它们的最高尺寸再设计鞋柜每一层的高度。

厨房

这个区域我们需要掌握321收纳设计法，也就是3组抽屉（锅具、餐具、调味料），2组地柜，1组吊柜，当然这是最低标准，如果有超大空间就可以设计得越多越好！

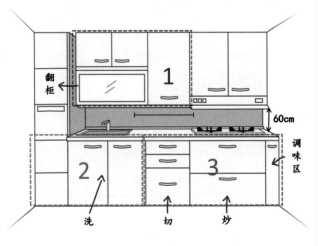

厨房的321收纳设计法

无论设计面积多少，我们需要掌握以上的尺寸设计原则。

厨房各区域尺寸设计建议

区域	尺寸设计建议
台面深度	60～80cm
吊柜距离台面高度	60cm
地柜台面高度	身长/2+（5～10）cm
吊柜深度	35～40cm
浅抽屉尺寸	10～15cm
高抽屉尺寸	40～45cm

续表

区域	尺寸设计建议
调味料抽屉宽度	30cm
普通抽屉宽度	50~60cm
吊柜的层数	≥2层（不均分），3层最佳

以下是吊柜、地柜和橱柜的尺寸设计建议：

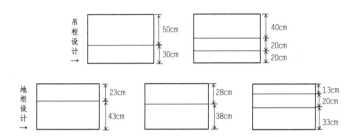

橱柜设计尺寸				
台面深度	吊柜距离台面高度	台面高度	吊柜深度	吊柜分层
60cm~80cm	60cm	身长/2+（5cm~10cm）	35~45cm	3层/设计开放格
抽屉高度		抽屉宽度		
浅抽屉10cm~15cm	高抽屉40cm~45cm	调味料抽30cm	普通抽屉50cm~60cm	抽屉深度：41cm~45cm

　　家中最难收纳的无非就是这三个区域：衣橱、厨房、鞋柜。其他区域，放小东西多的地方就多设计抽屉，使用起来基本会更方便。把家里的柜体设计好，我们在整理路上就成功了一大半。

第十一章
如何创造更适合自己的收纳整理方法

打造最适合自己的收纳方法时应先做好什么 ◎

设计师不能代替居住者，真正的定制是从了解自我开始的。整理也是如此，只有真正清楚自我情况和需求，才能打造出更适合自己的收纳整理术。

要想做好整理，那么在整理之前应该问自己几个问题。

1. 我们希望的家是怎样的呢

各类居家风格特点及其相应的整理方法

家的定义	日式极简风	整理收纳控	精致收纳风	生活风
特点	储物柜很少，追求简约，奉行断舍离	注重收纳的统一性和美观性，喜欢并享受整理的过程	追求仪式感，有很多自己的规矩，每个物品都希望有固定的位置	以顺手方便为原则，不刻意强调整体的美观与整齐
对应方法	将物品减少到极致，更多考虑空间的宽阔舒适	选择统一材质、色调、型号的收纳工具，慢慢去享受整理的过程	物品不多不少刚刚好，每一件都严格筛选、严格考虑后决定存放位置	自己喜欢、自己方便为主

2. 在家里你最注重哪方面

比如你在乎的是房子的美观漂亮，那一定要把物品的数量减少到极致，把露出来的物品全部换成精致、高级的摆件。

如果你更在乎子女的习惯、自理能力，这时候收纳时一定要从孩子的观点出发，寻找便于孩子拿取物品的方式。

如果你是事业型，希望把更多的精力、时间放在事业上，那就需要做到物品少而精，减少物品的数量，调整动线以顺手为主。

3. 准备多久的时间完成整理

一个家庭的整理其实是一个很大的工程量，如果在前期没有合理规划好，就很容易因为太难而放弃，所以建议给自己定一个整理的时间。这个时间需要分成：最终整理完成时间——按每天、按每周、按每月分别完成的任务。把计划细分，每完成一小步就会让自己有继续努力完成的动力。

4. 核算自己的投入

如果自己家的空间不合理，既不想改造也不想添置工具就能很好地完成整理是不可能的，对于理想的家除了考虑需要投入的时间精力以外，还要考虑金钱的投入。当确定好目标后，我们需要衡量这样的家需要投入大概多少的金钱才能达到想要的效果，一旦确定好就不要再纠结。很多人在这方面没有合理的预算，经常导致整理后复乱。

如果整个家都是你一个人来整理，但是大家都不能够做到用完及时归位或随意乱放，家里很快又会杂乱不堪。为了不让自己努力建立的有序环境很快乱起来，在整理后必须跟全家人一致维持或制定一些约束规则。当然还要记得告诉他们每个人的物品都是如何分区定位的。

整理其实不仅仅是将物品整理好，更重要的是整理我们的思绪。我们到底想要生活在怎样的环境里？到底希望未来能够拥有怎样的生活？与怎样的人生活在一起？

整理本身不是目的，真正的目的是通过整理打造我们想要的生活。

因此，如果无法坚持整理，或觉得整理只是单纯地摆放物品，不妨好好思考以下三个问题再去整理：

（1）想清楚自己想要怎样的人生——思考自己的未来。

（2）想要与家人如何更好地生活和相处——思考家的未来。

（3）准备如何使用家这个场所——思考房子的未来。

了解现有空间格局的利弊

如果我们做一件事情需要在几个区域中来回穿梭才能完成，或者在拿取一件常用的物品时需要两个及以上的动作才能完成，那就说明我们的布局动线是不科学的。这时我们只需要将那些常用的物品调整到一个动作就能完成的区域；那些需要走到多个区域才能完成的事情就调整到在一个区域即可完成，使动线简单。

许多人在装柜子时都会考虑装多少合适？我们只需要记住：空间的设计至少要满足我们未来 5 年所需才行。如果把家里的柜子分成两大区域：衣橱区和其他所有柜体区。衣橱是储物最难、需求最高、使用频率最高，且物品属性最复杂的区域，非常有必要把它单独列出来进行设计。

这里给大家一个公式：

衣橱面积 $\geq 4{\sim}6m^2$/ 人

其他柜体面积 $\geq 6{\sim}10m^2$/ 人（柜体深度 $\geq 35cm$）

符合这个数据的才能满足我们未来 5 年所需，同时这个数据可以满足初始存放的物品不超过柜体面积的 50%，如此才不会在 5 年内囤积满。如果搬新家时柜子使用面积已经达到 50% 以上甚至高达 80%，这时一定要慎重思考是否再断舍离一些物品或者再添置一些储物柜，否则未来的收纳将成为很大的难题。

了解自己的人生观，打造理想生活

每个人的人生观都是不一样的，良好的人生观会有助于我们认真对待生活、慎重抉择事物、只选择真正喜欢的物品、制订提升自己的方案。

以我家为例，我家有以下几个不成文的规定：

（1）无论多忙，我们都会用固定的时间打扫和整理，比如 1 周 1 次小扫除加基础的物品归位检查整理。

（2）每月 1 次大扫除，并且每个人需要对自己的物品进行断舍离，丢掉那些不用的、过期的、坏掉的，同时还要检查自己同类的物品是否被分散。

（3）在家里公共区域固定一个临存区，作为家里每个人因为忙碌没能及时归位的物品临时存放区，每天在睡觉前需要把临存区的物品归位。

（4）如果有人随处乱扔、乱放、乱翻或没有遵守临存区的使用规则，则会由这个人负责这周的小扫除加基础的物品归位检查整理。需一个人把整周所有家庭成员需要参与的整理工作全部做完，惩罚的好处就是他知道了整理的不易，下次就不会再随处乱扔、乱放或不遵守规则了。

（5）每个人都至少选择一件自己喜欢的且家人都比较赞同支持的摆件；选择收纳工具时，花时间选的那方可以让没花时间选的那方去买，总之每个人都参与到打造整齐幸福家庭的工作中。

（6）家里存放物品的原则是 2 ：5 ：8，即看得到的地方存放不超过 20% 的物品，包括装饰摆件，而半开放式的柜体存放面积不超过存放区域的 50%，最后保证密封式的柜体的物品容量不超过 80%，这种方法既有效地控制了物品的数量，又保证了物体表面的干净整洁。

一个家庭的收纳情况其实体现一个家庭的生活态度，它代表着整个家庭成员的人生观。

生活中没有人比你自己更清楚自己需要什么，想要怎样的生活。只有结合自身情况与需求，才能创造出最适合自己的收纳整理术。

如何过上自己想要的精致生活

很多时候我们总认为用钱买最好的衣物、最大的房子，把家装修得非常豪华就是精致的生活。

其实"精致"并不是用钱买最贵的东西，享受最好的服务、最好的待遇。精致的生活其实一点也不贵，它和金钱没有直接关系，而是一种生活态度。精致的生活不是东西越多越好，而是越精越好。

真正精致的人，或多或少都讲究品位。而真正的品位是懂得辨别好坏和优雅精致，与长期的文化熏陶形成的审美有关。比如，家里的房子不一定很大，但陈设一定很合理；装修不一定很豪华，但一定很舒适；穿着不一定是名牌，但一定很得体、干净。

整理其实是一个认识自己、了解自己，从而塑造自己的过程，我们在每一步的成长中慢慢变成自己最喜欢的样子。

要学会让美围绕在身边

无论是旧物品还是新物品，都要努力选择符合美感的物品，这是最初也是最终的方法。如果使用不美的物品，那么你拥有的物品中无用的东西会越来越多。

说到这里，可能有人会说"这是有钱人才能做的事情""房间太小做不了""兜里没钱做不到"等，但这与是否具有美的意识和钱毫无关系，而只与是否意识到美的物品、美的事情有关。如果空间狭小，只需要减少物品数量，而物品的美和高级与数量多少无关。只置办美物，使用具有美感的物品，即使是一件内衣、一双袜子、一条腰带也不将就，要知道：美不仅仅针对装饰品和收藏品类。

要学会过"高品质"的生活

房子不该是一个错落无序的储物室，而应该是体现我们生活品质的家。

整理，早已成为每个家庭必备的一项工作。经常会有朋友抱怨，无论自己收拾得多干净，总是只能维持几天，一段时间后，干净整齐的环境又归零了。

我曾经遇到一个客户，她的衣橱不大，衣物也不多。春夏单品就只有白色棉质衬衫、白色真丝衬衫、横纹长袖、白色短袖、蕾丝七分袖小黑裙、灰色羊毛开衫、黑色起褶轻便裤子、深蓝红花开衩中裙、黑色Ａ字裙、深蓝色牛仔裤各一件；秋冬单品只有2件羊绒衫（灰色和黑色）、2件真丝衬衫（酒红和深蓝）、白色棉质衬衫、灰色带帽套头运动卫衣、黑色羊毛裤装、黑色羊毛包臀中裙、黑色紧身牛仔裤、深蓝色牛仔裤。

这些衣服都全部成套悬挂在一个区域，另外单独一个挂衣区则专门悬挂长短外套。这样，她每次外出之前，只要根据当天的活动，在这些单品中挑选出最适合的上衣，基本上整套搭配就成形了，再加上外套、鞋子和包包，就能立刻出门。

她的衣橱内放的并不是所谓的大牌奢侈品，但这种整理却几乎可以与那些大牌橱窗内的陈列相媲美。

整理，不仅可以让我们收获整齐有序的环境，更多的是让我们收获高品质的生活。

这种高品质是源于对生活的热爱，对自我的肯定，对价值的重视，对物品的爱惜，它并不在于价格的贵重，是源于对生活的更高层次的理解和追求，对自我价值的认同和肯定。

将精简生活变成一种习惯

著名哲学家培根在谈到习惯时深有感触地说："习惯真是一种顽强而巨大的力量，它可以主宰人的一生。"而我认为养成好的生活习惯的首要条件是精简我们的生活。

有人说，精简的生活需要时间和金钱的堆砌。但其实真正的精简生活只与细节和自我感受有关。

复杂且数量庞大的物品管理起来很难，无论是整理放袜子的抽屉还是挂衣区，应尽可能地减少数量及存放步骤，否则会因挫折而不能长久保持。精简物品，选择一种易于使用的方法，生活将会变得更高效。

当然每个人对生活和精致的定义都不一样，而我对整理的定义是：整理可以主导和影响生活的一切。所以生活中无时无刻不需要整理，物品需要整理，时间需要整理，事情需要整理，人际关系也需要整理。

一辈子或许很长，但是真正属于自己的时间却很短，所以每一天都应该尽量过得有意义。这要求我们对物品、时间、事情、人际关系作衡量，清楚什么对于自己来说是最重要的。

当清楚什么对于自己来说是最重要的，你就会发现自己的人生真正需要的其实很少，正因为这样你才会想要拥有最好、最别致的物品，并加倍珍惜。当你有了这种思维，你就会发现自己的生活原来可以过得如此精致。当然，每个人对于精致的定义不同，自然会有结果和理解上的不同。无论如何，别把生活想成了生存。生活实质上是比生存更高层面的一种状态。

囤积症患者的整理方案

你是否在不停添置新东西的同时，还舍不得丢掉那些早就没用的物品？家里的物品取舍半天你也挑不出一件需要丢弃的？连你家人丢弃的，你都看不惯，还将丢弃的捡回来。你是否在丢东西时脑海里总会出现"将来可能还会用得上""它还能用，扔掉太浪费了""这是我爱的人给我的，不应该扔掉"……想扔掉旧东西时，与旧东西相关联的记忆会阻止你做出扔掉的打算。这其实是强迫性囤积者的特质。

这一现象和专家的研究结果相符："囤积狂"总是想方设法记住一个东西，它是什么，最初为什么要将它保留下来。在决定是否保留一件东西时，没有考虑到一些重要因素，比如留下来的坏处是否多于好处。

其实囤积行为在我们生命的早期阶段就已开始，到年老时更加明显。很多时候，当孩子长大离开家后，强迫性囤积患者可能会变得更加孤独，空巢也意味着有更多空间和时间来囤积，而且少有外人来家做客，没有外人来房间，也意味着可以一直不用正视房间的现状，继续积攒物品。

这类人渴望随时能够掌控生活，有着过度的控制欲和贪心，喜欢生活井井有条、秩序可控，也有着完美主义者的特质，因为没法找到完美的系统让一切井井有条，所以就拖延着不去整理，很多时候找不到东西，就选择放弃寻找。

斯坦福大学行为学家及心理学家戴维·伯恩斯博士鉴定出一些常见的关于强迫性囤积者的扭曲认知，具体如下：

1. 二元对立思维，非黑即白看待事物

认为如果我没法让整个房屋变得整洁有序，就不必去尝试；如果我现在不买下来，我就再也得不到它。

2. 过度泛化、给自己贴标签

有些人会说：我难以决定丢掉哪些东西，我就是一个犹豫不决的人。他会把对于物品取舍的犹豫等同于他这个人犹豫不决，而忽略他的决策在其他许多事情上还不错。

3. 否定积极的方面，大多数注意力在没有做好的人或事上

假设你很好地整理了卫生间，当有人夸赞你时，你却认为这只是一次偶然，你并没有专注和全心全意让这个区域变得整洁，有可能是你把注意力放了堆了很多东西的客厅上，却没有意识到自己已经整理了厨房、卫生间等其他区域。

4. 糟糕地预期未来

有些人对于未来会有预期性焦虑，认为丢掉某些东西，会发生一些不好的事情，认为还需要它或者丢掉会让某人不高兴，或者现在不买下来，将来一定会后悔，为了逃避这种焦虑选择保留一些物品。

5. 应该性陈述

总是用"应该"和"不应该"激励自己，好像心里总有一个严苛的大法官督促自己。比如有些人心里会想，我本应该丢掉更多的东西，我本不应该在整理东西时遇到这么多困难。如果经常受应该性陈述控制，势必会造成内疚情绪以及挫败感。

对于囤积症患者，内心多是焦虑的，囤积可以使其感受到安全、满足，甚至是成就感。

可能缘于小时候的物质缺失，也有可能是经历过许多的内心创伤。还有可能是对于物品的过度执着，对生活其他领域不可掌控的情感补偿。或是源于购物行为是一种替代的人际交往，可以满足内心的孤独和无力。还有一种可能就是对于未来未知结果的过度恐惧，认为囤积物品可以让自己感受心安和安全。

当然许多强迫性囤积者也有完美主义的高标准、高要求，如果没有系统地安放好物品，会导致拖延，做不到就先放一边，由此会让凌乱问题更持久。拖延不仅是一个时间管理的问题，也是一种应对恐惧和焦虑的行为模式，人们常会通过做一些不重要的工作来逃避本来需要完成的工作。而这种做法只会放大自己的挫败感，情况反而更糟糕。

1. 鼓起勇气，开始清理，不再逃避

整理工作可能很折磨人，很容易让人放弃，所以你需要从一开始就取得一些成功。建议先从最容易整理的房间开始着手。

2. 了解俄亥俄规则

俄亥俄规则的宗旨是物品只经手一次，如果你拿起了一样东西，

就需要把它放到其应放的位置，不要把它随意放下以后再考虑应该放在哪里。如果坏了就扔掉；如果被虫子污染了就扔掉；如果一个物品不是在未来某个时间点能用上就扔掉；如果没有地方放，要么将其扔掉，要么扔掉别的东西给它腾出空间。

3. 重新思考自己的购物方式

（1）如果某样东西对你没用，或是你家中已经有了类似的东西却一直没有用，或是买回去会增加储存空间，那么不管它多便宜，都不是一个好的选择。

（2）问问自己今天是否用得上这个东西，家里是否有存放它的地方。

（3）活在当下，关注眼前和近期的需求。要知道丢掉某些东西并不是浪费，有些用不上的东西放在抽屉里并不会让它变得更有用。

4. 克服自己的障碍

我们都会找一些理由去逃避内心不愿意做但需要去做的事，我听到最多的就是"我没有足够的时间做整理工作"，可这是真的吗？我在写第一本书时，记得我认为自己根本没有时间来做这件事，但开始准备内容时，我还是挤出了时间。

"没有人帮我，我不知道从哪里开始，有什么用呢，很快还会乱"，持这种观点在我们开始做整理前是可以理解的，但它是基于一种失败主义的观点。当我们决定要做一件事时，需要思考自己能做什么，而不是聚焦于自己不能做什么。

犹豫是否舍弃物品的处理方法 ◎

人生最大的浪费就是在选择上花费大量时间。常常站在衣橱前对比了 10 分钟思考选择裙子 A 还是裙子 B；出门前想了许久要不要带某件物品……而对此"有理派"往往会回答：这都要根据"需要"来定。认为现在不需要的物品，未来我们"可能会需要"。

我们应该永远记住：决断力比分析力更重要！

我曾经测试过两个案例，当客户舍取物品时，第一种情况是我们给他两个筐告诉她：一个放要的，一个放不要的，重点关注你需要的。而另外一种情况就是将物品一件件拿出来询问客户：这件你有多久没穿了？你喜欢吗？以后还会穿吗？依次来决定取舍。结果会发现思考得越多取舍的难度越大，取舍的周期越长，完成的效率越低。太多的分析会远远影响结果和效率。这时候对于犹豫不决的物品不妨不用分析那么多，就问自己需要什么？如果我们真正需要的是一个整齐清爽的家，那就丢吧！

所以，生活中当有很多事情让我们犹豫不决的时候，不妨思考我们最终需要的、最重要的是什么？重在当场做决断。

旧衣服只留下时尚的与常穿的。

礼物类，收的时候就想好自己以后是否会用，如果不喜欢或不用就不收或收了就尽快转送适合的人。

与其在"需要"与"不需要"之间徘徊，不如立马做决定，将时间和精力用在真正有效的生活和工作中去。这里给大家分享一下丢弃的原则。

一个中心：丢要以"我"为中心，不以"物"为中心

我们总是说这个很贵、这个是某某人送的、这个以后可能会用到，这些想法都是被物品所主导。

比如你说这个很贵，实际上是在以它的价格做衡量，你说这个是某某人送的，这是在以感情寄托来衡量，你说这个以后会用到，其实以后的事情谁也不知道，指不定以后你又买了好多新的，看不上这种过时的。

那什么叫"我"呢？就是我有没有在用这个物品，如果我当下在用它，那就说明它是值得留下的。

所以在丢弃的过程中，千万不要被物品所主导，而应由自我来主导。

三个标准

（1）不考虑价格，只考虑价值。

比如你说这个很贵，所以舍不得丢弃，这是因为你在乎的是它的价格，而不是价值。只有被使用的物品才是真正有价值的，再昂贵的物品如果不使用实际都是没有价值的。

（2）不看物品用途，要考虑是否经常使用。

不管是谁送的，关键是是否真的在被使用。当然这时候会有人反

驳说：那有纪念价值啊！这一点其实没问题，如果那是真正有纪念价值的，即便极少使用毫无疑问也是应该保留的。那么，什么叫真的有纪念价值呢？就是物以稀为贵。

（3）不看能不能用，而是看现在要不要用。

很多人会认为这件物品以后会用，但实际上那一天永远都不会到来。人们常说"活在当下"，其实选择物品的留舍也是如此。只有当下的才是最有意义和价值的。

如果你仍无法取舍，我们可以尝试把物品类别更细分化，针对不同的物品给予不同的舍弃标准。以下罗列出了常用物品的舍入标准。

常用物品的舍弃标准

物品类别	舍弃标准
衣物类	棉质T恤穿3年建议淘汰，因为夏天汗渍多、棉质T恤氧化快、易变色
袜子、内衣类	松紧失去弹性、抽丝、破洞了等都应毫不犹豫舍弃；内衣半年更新，因为使用半年后肩带下滑、胸杯上移、松紧压痕、罩杯空挡或压胸
毛巾、浴巾类	发硬、变粗糙、变色等舍弃
鞋子类	鞋跟磨损、漆皮磨掉、变形等舍弃
化妆品类	化妆品保质期最多不超过3年，开封后的保质期更短，一般建议存放时间不要超过1年
炊具类	脱漆、磨损严重、色素沉着严重的舍弃，因为不好用
餐具类	缺损、无光泽、压箱底2年及以上的舍弃
半成品食材类	超过保质期、开封后不吃的舍弃，建议记录速冻日或冷冻日，定期清理
文具类	同类的最多不超过2种，其他的舍弃减轻负担

物品类别	舍弃标准
书籍、杂志类	看完没有收藏价值的、过期的杂志，不看也不会推荐给别人看的书籍
玩具类	坏的、不符合当下年龄段使用的、危险的舍弃
首饰类	变色、损坏、过时、不配对或差配件且无法配齐的舍弃

犹豫不决物品的舍弃标准

物品类别	舍弃标准
照片类	只留拍得最好的，同一时间、同一类型或同一纪念意义的最多留2张
旧衣服	只留下时尚的与常穿的
纸袋子	只留下喜欢并结实的，小号10个、中号5个、大号5个，最多不能超过20个
礼物类	收的时候就想好以后是否会用，如果不喜欢或不用，不收或收了要尽快转送给别人
信件、贺卡类	已回复或过期的全部处理掉，有纪念意义的则放到纪念品盒子里面
毛绒玩具类	破洞或变形不玩的都可以淘汰，也可以清洗缝补后捐赠
旧账本、存折	定期清理出不再使用的
CD、DVD	拆掉包装盒，集中放到CD袋，1年没用的可以考虑再次筛选处理掉
纪念品	集中放在一个收纳盒或柜子里
化妆试用品	试用后确定是否使用，试用装一般保质期6个月

舍之前如何选择"入"

物品类别	选择标准
衣物类	买之前考虑衣物使用的时间、地点、目的，再确定一个月内能穿几次，建议购买一个月穿3次以上的

续表

物品类别	选择标准
书籍、杂志类	想好收藏的地方再购买
CD、DVD	能在网上看的就不购买，只买少量珍藏版作为收藏
调味料类	只剩几次就可用完时再购买；杜绝购买大容量包装的，除非家中储物罐也是大容量的
餐具类	摔坏或不够用时再购买，即使是有收集习惯也要把握一个度
儿童玩具类	只限定在生日或节日时购买，杜绝积攒
儿童服务类	只买"需要的"，不买"想要的"
日用品类	不要因为促销而囤货，时刻提醒自己促销活动是经常有的
化妆品类	先试用，试用后再购买，购买前确定家里的已快用完，以一个星期为限制时间

初学整理的你可能难以做到对犹豫的物品断舍离。所以这里我给大家分享一个非常实用的方法：保质期法！

生活中我们经常会购买食物，每个食物都有保质期，当我们拿取时发现食物已经过期了，那么即便没有开封也应当毫不犹豫地丢弃。

其实物品也是有保质期的，而这个保质期是我们自己赋予它的。我们居住的房子有保质期，穿的衣服有保质期，玩具也有保质期……只是这个保质期是根据使用频率和使用损耗程度来确定的。

明白了这个道理，接下来就是将你犹豫不决是否舍弃的物品全部放到一个收纳箱或收纳篮里，并在上面标注当日整理的日期和预期的保留截止期。比如，给某物品赋予一年的保质期，然后到了预期的那一天这个箱子还没有动过的话，我相信你会有更大的决心丢弃它，这样也会减轻我们在丢弃时产生的负罪感。

第十二章
DIY实用收纳工具

一张纸就能完成的收纳神器

你是不是常常苦恼于桌上摆放散乱的小物件？今天这个折纸的教程可以帮你轻轻松松地解决这个烦恼。用一张纸就可以折出一个漂亮又实用的收纳盒。如果要装大点的物件就要准备大一点、厚一点的纸张，如果要装小物件普通大小的纸张就好。当然，纸不能过硬，否则折起来就不那么方便了。

1. 单盒折叠方法

先将 A4 纸平均分成四等份。

以对叠后的中线为基准，将中间的两个角与中线平行折叠成一个等腰三角形。

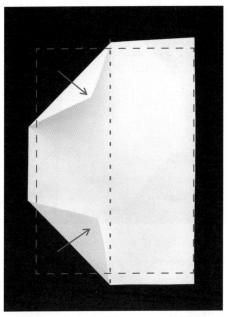

再将两边三角形的角向内翻进去。

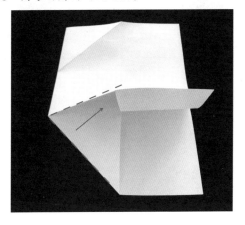

两边都叠好，呈下图所示的形状，再均分成两等份。

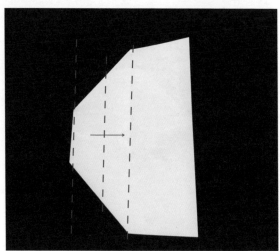

沿着三角的边所在的那条直线对叠过去。

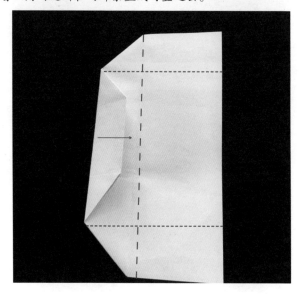

将两侧的边沿着角对叠过去，然后把下部分平均分成两等份。

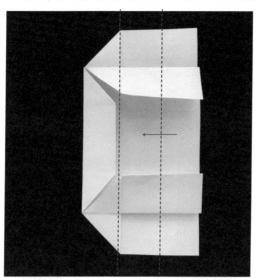

沿着刚才的平均等分中线对折，折叠出折痕。

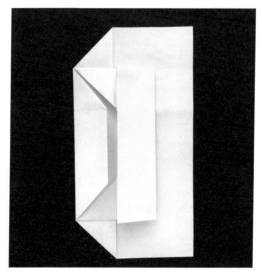

　　再展开折痕，同时在两边的角沿着上一步折叠出的折痕对着平行线折叠出一个三角形。（这个折痕是为了方便后面扣进另外一个三角形中，从而固定它。）

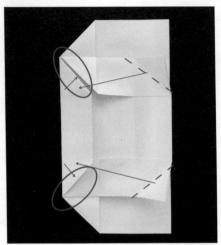

　　展开之前对折过的三角形，再把它扣入上面三角形的内侧固定。

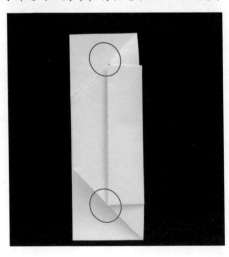

翻到没有折叠的另一面，把这一面也展开，重复刚才的步骤。

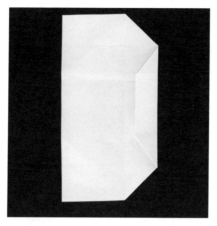

折叠成像帽子的形状，将中间打开便得到所示的收纳盒了。

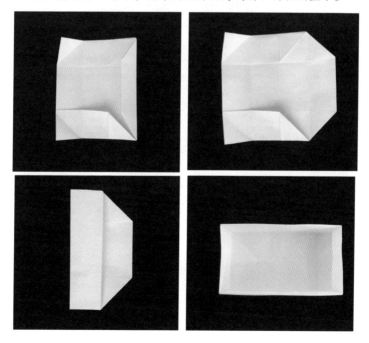

2. 两联盒折叠方法

把 A4 纸平均分成六等份。

将中间两个折痕像三角形一样立起来，然后像折单盒一样折叠出等腰三角形。

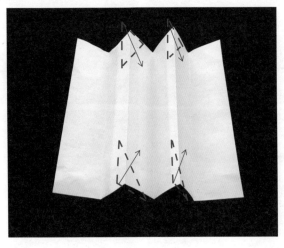

翻过来再折叠中间的第二个等腰三角形。

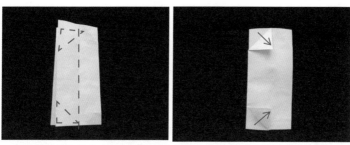

把三角形的角向内翻进去（左图），立起来就如右图所示。

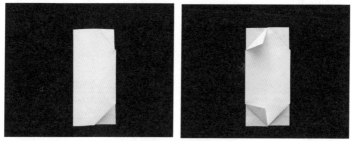

两个三角都翻进去后，后续折叠步骤与单盒一样。

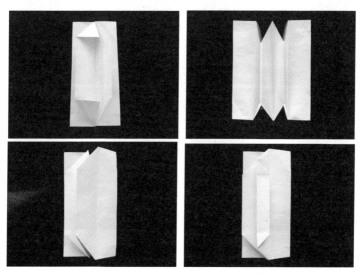

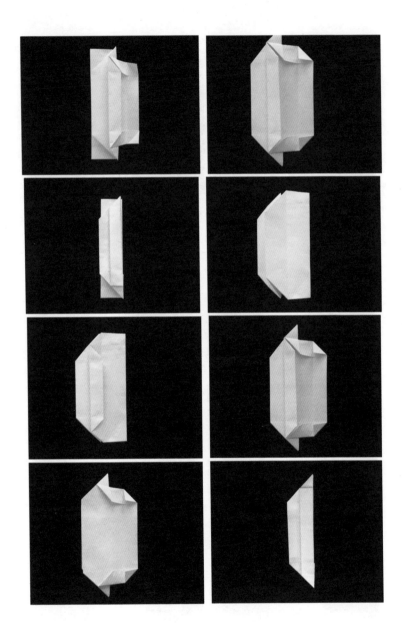

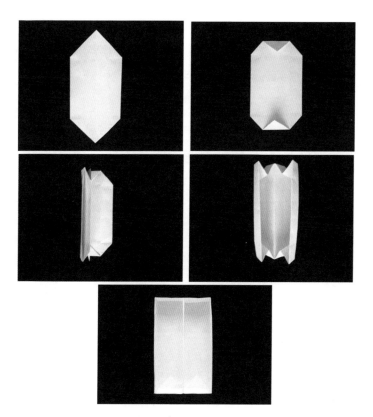

3. 三联盒折叠方法

把两张 A4 纸粘在一起，然后再对叠。

把对叠好的纸张分成八等份，然后找到中间的三个三角形（右图）。

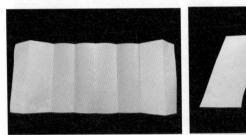

再像之前的操作，折叠三角形进行内扣固定。

把折叠好的三角形向内折（左图），然后再展开（右图）。

 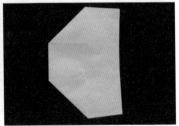

开始重复单盒的折叠步骤，折叠三角形进行内扣固定。

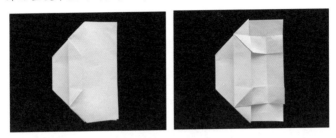

一共有三个三角形，先折叠左右两侧的三角形进行内扣固定。

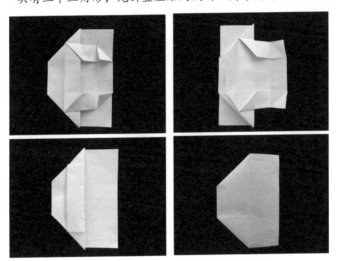

左右两侧都折叠完毕后，像一个等腰梯形（左图），然后展开如右图所示。

沿着两端的线折叠，把所有的角都折叠进去与里面那条线平行。

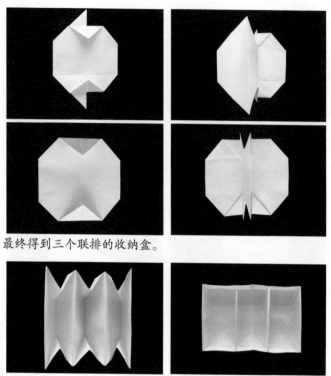

最终得到三个联排的收纳盒。

4. 正方形收纳盒折叠方法

先找到喜欢的正方形纸张把它对叠两次均分成四等份，再将四个角向中间的中心点对折成一个正方形。

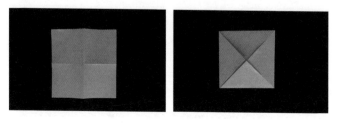

选择两个边对叠分成四等份的长方形，折出印痕再展开。

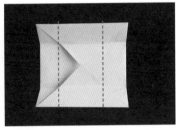

再将另外两边同样重复上面的步骤对叠出一个印痕，再把左右两边的纸展开。

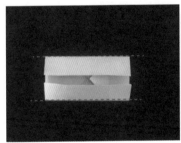
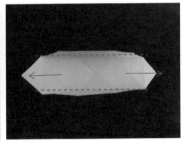

这时左右两边沿着折痕折起来就会出现一个"耳朵"，把"耳朵"折进去就完成正方形的三个边了。

继续按照刚才的步骤把剩下的一个边沿着"耳朵"折进去，四个边都折叠完成，正方形收纳盒也就折叠完成啦。

5. 长方形收纳盒折叠方法

用 A4 纸对叠后再均分成三等份（盒体就成形），再把①两边长方形折叠一个三角形边②跟着三角形边对叠出一条平行的线就形成了六个正方形，在每个正方形中心折叠对折线如③所示（盒子的四边和底部封边折痕就折叠好了）

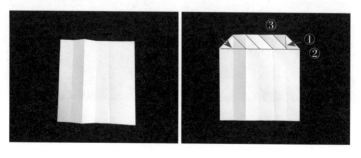

沿着四边把纸张折叠成长方形。

外沿处开始折叠盒底，按下去成三角形，下一个继续沿着按下去。

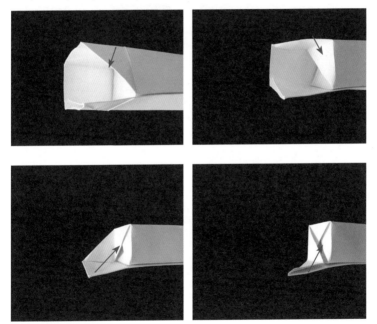

　　直到最后一个三角形，然后将其扣到底部，另外一边可以用双面胶固定成形。

如果不想用双面胶，就在最早折叠盒子底部扣角时，也把顶部这一个边上下重叠进去，这样就可以替代用双面胶固定了。

可以根据尺寸的需要去选择折叠不同尺寸的收纳盒，折叠好的收纳盒一般可以放在办公桌上用来存放回形针、图钉、橡皮擦等容易丢失的办公用具，也可以放在茶几上用来盛装瓜子、糖果等零食，或放在玄关柜子上用来放钥匙……折纸能给我们的生活带来这么多的便利，是不是感觉非常实用呢？赶紧动手学起来吧！

利用折纸收纳盒可以收纳不同的办公用品

制作抽屉收纳分隔盒

不要以为鞋盒只能原封不动地当个盒子使用，简单的鞋盒也可以废物利用，分分钟变出各式各样的收纳盒来，两格、三格、四格都可以。如果临时想要一个好用的收纳工具，可以用鞋盒来改造。

鞋盒改造成文件夹

准备物料：空鞋盒、胶枪、双面胶、礼物纸、铅笔、直尺、剪刀。

将鞋盒与鞋盖分开。

用铅笔和直尺在鞋盒中点位置画一条直线，以直线为中点再画个等腰三角形，用剪刀将这个三角形剪下来。

将盒子反过来，并在中间打上溶胶将其黏合固定。

　　将剩下的盖子剪出跟黏合后的盒子缺口尺寸相符的侧板，用胶枪黏合固定上去。

　　准备好尺寸合适且自己喜欢的礼物纸和双面胶。

　　先剪下与盒子从外部到内部尺寸合适的纸张，从左到右贴好。

　　最后再剪下与两侧宽高相等的尺寸，用双面胶黏上去。

鞋盒改造成多个隔断收纳盒

　　准备物料：空鞋盒、铅笔、直尺、剪刀。

　　将鞋盒与鞋盖分开。

　　将鞋盒分割成四等份、三等份或二等份，画好尺寸（以下为二等份）。

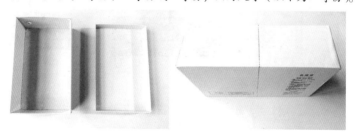

沿着画好的线进行切割。

切割后，把其放在盒盖里面，这种多个隔断收纳盒就做成了，适合放在抽屉里面进行分区，以便我们查找和管理物品。

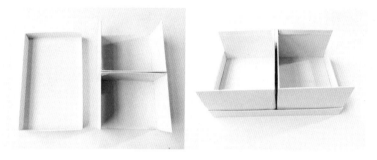

旧物如何改造使其兼收纳和装饰功能为一体◎

外面买买买，家里丢丢丢。长胖穿不了的衣物、不适合当下流行趋势的服装总是有很多，特别是牛仔裤穿久了就会掉色，显得陈旧。此刻不妨考虑花一些时间将这些旧的牛仔裤改造成漂亮的牛仔收纳袋，不仅可用来收纳还能起到装饰作用，如此不仅合理地利用了废旧衣物，而且也非常时尚。

废旧牛仔裤改成配饰挂

准备物料：胶枪、裤子、剪刀、套圈、笔。

准备好废弃的裤子、套圈。

用套圈固定在裤子想要的一面的位置，在套圈周围 3～4cm 的位置提前画好线。

沿着提前画好的线剪下需要的布料。

用胶枪将超出的 3 ～ 4cm 布料固定在套圈内侧。

挂上自己喜欢的饰品，放置于喜欢的地方，再也不用担心找不到配饰或配饰打结了。

废旧牛仔裤改成手提包

准备物料：废旧牛仔裤、剪刀、针线、手柄（布条）、配饰（蕾丝、花朵、竹结手柄等）。

　　剪下牛仔裤的两个裤脚。

　　将一个裤脚剪开成一个单面的布，另一个重复此操作。

　　将两条剪开的裤脚重叠在一起。

　　留一条边不缝合，将其余三条边缝合起来。

　　缝合完毕翻过来。

　　再添加一些自己喜欢的配饰，如：蕾丝边、花朵、竹结手柄等。

　　本案例是用蕾丝边在开口用胶枪黏合上去的，竹结手柄是用针线

和胶枪固定的。

旧衣服改成笔袋（包袋）

准备物料：废旧衣服、拉链、针线、剪刀、直尺。

剪下两块 22cm 的正方形布。

将 22cm 的两块布重叠在一起。

将三条边全部缝起来，第四条边在中间留 5cm 不缝合。

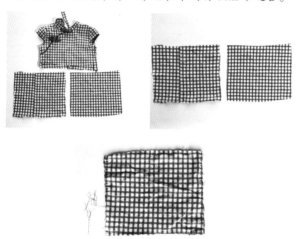

四边都缝好后，将其从预留未缝的 5cm 的洞翻过来，再将预留的 5cm 的洞用隐性针法缝好。

然后将拉链放在其中一个边上，并将其缝上。

接着把拉链拉开，沿着拉链再把另外一边缝好。

然后再把拉链拉上，将把左右两端的开口缝起来。

最后把拉链拉开翻到正面，便得到笔袋了。